シリーズ《環境の世界》6

人間環境学の創る世界

東京大学大学院
新領域創成科学研究科
環境学研究系
.... ［編］

朝倉書店

執　筆　者（＊は本巻編集者）

＊森田　剛（もりた　たけし）		東京大学環境学研究系人間環境学専攻
＊佐々木　健（ささき　けん）		東京大学環境学研究系人間環境学専攻
飛原　英治（ひはら　えいじ）		東京大学環境学研究系人間環境学専攻
杉浦　清了（すぎうら　せいりょう）		東京大学環境学研究系人間環境学専攻
久田　俊明（ひさだ　としあき）		東京大学環境学研究系人間環境学専攻
大和　裕幸（やまと　ひろゆき）		東京大学環境学研究系人間環境学専攻
稗方　和夫（ひえかた　かずお）		東京大学環境学研究系人間環境学専攻
保坂　寛（ほさか　ひろし）		東京大学環境学研究系人間環境学専攻
川原　靖弘（かわはら　やすひろ）		放送大学文化科学研究科文化科学専攻
杉本　千佳（すぎもと　ちか）		横浜国立大学未来情報通信医療社会基盤センター
福崎　千穂（ふくさき　ちほ）		東京大学生涯スポーツ健康科学研究センター

（執筆順）

シリーズ〈環境の世界〉
刊行のことば

　21世紀は環境の世紀といわれて,すでに10年が経過した.しかしながら,世界の環境は,この10年でさらに悪化の傾向をたどっているようにも思える.人口は69億人を超え,温暖化ガスの排出量も増加の一途をたどり,削減の努力にもかかわらず,その兆候も見えてこない.各国の利害が対立するなかで,人類が地球と共存するためには,様々な視点から人類の叡智を結集し,学融合を推進することによって解決策を模索することが必須であり,それこそが環境学である.

　21世紀を迎える直前の1999年に,東京大学では環境学専攻を立ち上げた.この10年の間に1000人を超える修士や博士を世の中に輩出するとともに,日本だけではなく世界の環境を改善すべく研究を進めてきた.環境学専攻は2006年に柏の新キャンパスに移転し,自然環境学,環境システム学,人間環境学,国際協力学,社会文化環境学の5専攻に改組した.その後,海洋技術環境学専攻が新設され,6専攻を持つ環境学研究系として,東京大学の環境学を先導してきている.学融合を旗印に,文系理系にとらわれず,東京大学の頭脳を集め,研究教育を推進している.

　先進国をはじめとする人間社会の活動が環境を悪化させ,地球の許容範囲を越えようとしている現在,何らかの活動を起こさなくてはならないことは明白である.例えば,社会のあり方を環境の視点から問い直すことや,技術と環境の関わりを俯瞰的にとらえ直すことなどが望まれている.これを〈環境の世界〉と呼んでも良いかもしれない.

　東京大学環境学研究系6専攻は,日本の環境にとどまらず,地球環境をより良い方向に導くため,活動を進めてきている.様々な境界条件のもと,数多くの壁をどのように乗り越えて〈環境の世界〉を構築することができるか,皆が感じているように,すでに時間はあまり多くはない.限られた時間のなかではあるが,われわれは環境学によって,世界を変えることができると考えている.

　本シリーズは,東京大学環境学10年の成果を振り返るとともに,10年後を見据えて,〈環境の世界〉を切り開くための東京大学環境学のチャレンジをまとめている.〈環境の世界〉を創り上げるため,最先端の環境学を進めていこうと考えている大学生や大学院生に,ぜひ,一読を薦める.われわれは世界を変えることができる.

東京大学環境学研究系・〈環境の世界〉出版WG主査・人間環境学専攻教授　　岡本孝司

まえがき

　産業革命から高度成長期を通して我々が享受してきた急速な経済発展はついに終焉を迎えつつあり，新しい価値観に基づいた社会システムの再構築が急務となっている．とくに世界の先陣を切って超高齢化社会を迎えた日本では，グローバル社会への対応，社会インフラの再構築，温暖化問題への対応など，単一問題ではなく相互に複雑に関連し合う複合問題としての解を見出していかなくてはならない．このような社会情勢において，希望ある未来を創造するための最も重要なキーワードの1つが「環境」であることは間違いない．今世紀は，人間，人工物，自然環境がますます綿密かつダイナミックに相互作用する環境の時代といえる．

　人間環境学では，人類が培ってきた科学技術の成果を基盤として，人間の生命活動メカニズム，高齢者用の健康維持方法，加齢に伴う身体能力変化の理解など，人間そのものを科学することで超高齢化社会の基本的問題を探り出し，これらを解決する手立てを追求していこうとしている．さらに，人間をとりまく環境に目を向け，環境エネルギー問題，社会インフラの安心安全化，過疎地での社会インフラ整備など，多角的な視点から人間と環境の相互関連問題をとらえて，豊かな生活環境とは何か，我々はどんな社会を理想とするのか，また，どのようにすればそれが実現できるのかを明らかにしようとしている．

　人間とは何か，どのようなものか，を理解する挑戦と，人間をとりまく環境を積極的に設計，創造，維持していくには，社会実装技術，情報技術，制御技術，計測技術，シミュレーション技術等々の先端技術を総合的に学融合していくことが不可欠である．このような総合的な学問体系を構築し発展させていくため，東京大学大学院新領域創成科学研究科の環境学研究系に属する人間環境学専攻では，医学，工学，社会科学からスポーツ科学まで非常に幅広い学問体系を有する教員が協力して研究・教育を行っている．

　本書では，人間環境学専攻が果敢に取り組む研究課題の一端を紹介するものである．本書を読むことをきっかけにして，多くの学生諸君，研究者の方々が我々の挑戦に加わってくれることを望んでいる．

2015年2月

第6巻編集者を代表して　森　田　　剛
佐々木　健

目　次

1. **人間環境の創成** ……………………………………………………［飛原英治］…1
   1.1 人間環境の状況 …………………………………………………………………1
   1.2 超高齢社会の進展と人口減少 …………………………………………………2
   1.3 超高齢社会の経済問題 …………………………………………………………5
   1.4 低炭素社会実現のためのエネルギー問題 ……………………………………7
   1.5 都市と農村環境の変化 …………………………………………………………12
   1.6 人間環境の創成 …………………………………………………………………15

2. **計算科学と医学の融合による新しい健康科学の創成に向けて** ……………16
   2.1 臨床医学，基礎研究における問題 ……………………………………［杉浦清了］…16
     2.1.1 高齢化に伴う健康問題 ……………………………………………………16
     2.1.2 循環器疾患と医療費 ………………………………………………………18
     2.1.3 加齢と循環器系の変化 ……………………………………………………21
     2.1.4 医療側の問題 ………………………………………………………………23
     2.1.5 臨床医学における decision making ……………………………………24
     2.1.6 臨床試験における問題 ……………………………………………………25
     2.1.7 基礎医学と臨床医学の関係 ………………………………………………26
   2.2 マルチスケールシステムとしての心臓 ―実験的アプローチ― ………28
     2.2.1 心臓の役割 …………………………………………………………………28
     2.2.2 心臓の形態と機能（マクロ）……………………………………………30
     2.2.3 心筋細胞の形態と機能 ……………………………………………………32
     2.2.4 細胞の内部構造を探る ……………………………………………………35
     2.2.5 分子レベルでの収縮機能（ミクロ）……………………………………37
     2.2.6 Top down と Bottom up …………………………………………………40
   2.3 医学における新しい計算科学の可能性 ………………………………［久田俊明］…42
     2.3.1 マルチスケールシミュレーション ………………………………………42
   2.4 UT-Heart（新領域創成科学研究科による心臓シミュレーション）………48

    2.4.1 臨床医学研究への応用 …………………………………………48
    2.4.2 基礎医学研究への応用 …………………………………………51
  2.5 医療の革新から新産業の創出へ ……………………［杉浦清了］…54
    2.5.1 基礎医学と臨床医学を直結する ………………………………54
    2.5.2 意思決定の支援 …………………………………………………55
    2.5.3 テーラーメード医療 ……………………………………………57
    2.5.4 創　薬 ……………………………………………………………59
    2.5.5 医療機器開発 ……………………………………………………60
    2.5.6 計算機および計算科学 …………………………………………62

3. 未来社会の環境創成 ……………………………［大和裕幸・稗方和夫］…64
  3.1 はじめに ……………………………………………………………………64
    3.1.1 環境創成 …………………………………………………………64
    3.1.2 交通機関のありようの変化 ……………………………………64
    3.1.3 オンデマンドバスについて ……………………………………65
  3.2 「未来社会」と「モビリティ」のあり方 ………………………………67
    3.2.1 未来社会が抱える問題 …………………………………………67
    3.2.2 地方の抱える問題 ………………………………………………68
    3.2.3 自家用車の普及による弊害 ……………………………………70
    3.2.4 モータリゼーションのスパイラル ……………………………72
    3.2.5 市民がつくる交通 ………………………………………………74
    3.2.6 これからのモビリティのあり方 ………………………………75
  3.3 東京大学発！オンデマンドバスシステム ………………………………76
    3.3.1 東京大学オンデマンドバスシステムの特長と開発の目的 …76
    3.3.2 東京大学オンデマンドバスシステムの構成 …………………76
    3.3.3 予約システム ……………………………………………………78
    3.3.4 計算システム ……………………………………………………81
    3.3.5 車載システム ……………………………………………………87
    3.3.6 データベース ……………………………………………………90
    3.3.7 ま と め …………………………………………………………91
  3.4 様々な地域での応用 ………………………………………………………92
    3.4.1 国内各地での実証運行 …………………………………………92

3.4.2　今後のインフラのセンサとして可能性……………………98
　3.5　社会を支えるシステム ………………………………………100
　　　3.5.1　データベースに保存された情報を利用したサービス……100
　　　3.5.2　データベースに蓄積されている情報……………………100
　　　3.5.3　ログを利用したサービスの例……………………………101
　　　3.5.4　蓄積されたログの都市設計への応用……………………103
　　　3.5.5　その他のサービス…………………………………………106
　3.6　技術と学術と社会 ……………………………………………108
　　　3.6.1　アルゴリズムやICTの適用………………………………108
　　　3.6.2　人の知識を利用する手法…………………………………110
　　　3.6.3　新公共交通による経済効果………………………………112
　　　3.6.4　技術と学術と社会の変化…………………………………114
　3.7　お わ り に ……………………………………………………115

4.「見える化」で人と社会の調和を図る─PHS位置計測と人間情報センシング─……………………［保坂　寛・川原靖弘・杉本千佳］…117
　4.1　PHS位置計測……………………………………………………117
　　　4.1.1　電波を用いた計測システム………………………………117
　　　4.1.2　通信用電波を用いた測位システム………………………117
　　　4.1.3　電波を用いた測位法………………………………………119
　　　4.1.4　無線を用いた測位の利用分野……………………………121
　　　4.1.5　PHSを利用した測位とその応用…………………………122
　4.2　人間情報センシング……………………………………………126
　　　4.2.1　高齢社会と人間情報センシング…………………………126
　　　4.2.2　足圧センサ…………………………………………………128
　　　4.2.3　記録データによる行動予測………………………………130

5.「運動」を利用して活力のある人間社会をつくる……………［福﨑千穂］…133
　5.1　超高齢社会における健康問題 …………………………………133
　5.2　運動の効果 ………………………………………………………134
　5.3　日本の健康づくり政策 …………………………………………135
　5.4　生涯スポーツ健康科学研究センターの健康づくり構想 ……137

    5.4.1　構想の概要……………………………………………………137
    5.4.2　地域コミュニティに根ざした運動実践「十坪ジム」………139
    5.4.3　ウォーキング・ランニング時の生体情報計測システム……140
    5.4.4　疾患や障害があっても行えるアクアエクササイズとその効果……142
    5.4.5　運動の急性の効果を利用する………………………………144

参 考 文 献……………………………………………………………………146

索　　　引……………………………………………………………………150

1 人間環境の創成

1.1 人間環境の状況

　20世紀の環境問題は経済規模の拡大と人口の増大による自然環境や生活環境の破壊に原因があった．大都市における光化学スモッグは大量に普及したマイカーなどから排出される排気ガスが原因であり，河川の汚濁は下水処理設備が未整備の大量の住宅から河川に直接排出される下水が原因といわれた．これに対し環境保全を目的とする法律の整備と，環境技術の開発により，問題は解決されてきた．しかし，21世紀の日本の人口はすでに減少に転じ，労働力人口の減少により，とくに地方都市では生活基盤が衰退し産業も縮小する可能性が生じている．超高齢社会の進展と人口の減少は，生活インフラの老朽化や放棄地の増大などの新たな環境問題を生んでいる．

　また，地球温暖化の防止は世界的な要請であり，化石燃料の消費の少ない低炭素社会の構築が迫られている．2011年3月の東日本大震災時の福島第一原子力発電所事故により，わが国のエネルギー供給事情は大きく変化し，原子力発電依存から天然ガスや再生可能エネルギーなどをバランスよく利用する供給体制へ移行することになった．エネルギーの供給にあたっては，安全であることを前提としたうえで，安定供給，経済性，環境性の3条件を満たす構造の構築が必要である．しかしながら，太陽光発電や風力発電などの再生可能エネルギーは変動が大きく，エネルギー密度が薄いため高価格にならざるをえず，過度に依存することは難しい．このことから，エネルギーの消費量を削減することが重要であり，低炭素社会の実現のためには消費側の省エネルギーの取組みが必須であると考えられている．

　以上のように21世紀の我々は，超高齢社会と低炭素社会の二大課題に同時に対

応しなければならないという困難に直面している．超高齢社会が生み出す問題を克服するには高齢者の健康を増進し社会参加を促進する必要がある．一方で，高齢者が住みやすく活動しやすい生活環境の実現は，非効率的で温室効果ガス排出量を高める結果となり，地球環境に対する問題を生じる可能性がある．これらの新しい環境問題の解決のためには，超高齢社会に適した社会の再構築と温室効果ガスの排出削減という要請の両方を満たす技術イノベーションが必要である．

1.2　超高齢社会の進展と人口減少

　わが国では高齢者（65歳以上の人をいう）の人口が増大する一方で若年者の人口が減少し，高齢化が進んでいる．高齢者の人口増加より若年層の人口減少の方が大きいので，2011（平成23）年以降，総人口が減少している．少子高齢社会の進行と人口増大から減少への移行は，わが国だけの現象ではない．発展が十分でない社会では子供たちは働き手としての役割を果たすので，生活を維持するために多子世帯が多いが，生活水準が上がり，子供に教育を施すことによってより高い生活を求めるようになると，子供の教育や養育にかかる費用が増大し，少子化が進んでいく．一方，生活環境の改善と医療水準の向上により，平均寿命は延伸し，高齢化が進む．このように，少子高齢化はほとんどの国に対して成り立つ現象と考えられている．

　世界保健機構や国連の定義によると，65歳以上の人口の割合（高齢化率という）が7%を超えると「高齢化社会」，14%を超えると「高齢社会」，21%を超えると「超高齢社会」とされている．図1.1[1]はわが国の人口ピラミッドで，2010年は実データであるが，2030年，2050年は推定値である．これによると，2010年の高齢化率は22.7%，2030年，2050年の予測値はそれぞれ30.3%，35.6%である．わが国はすでに超高齢社会に突入している．人口の3分の1が高齢者となる時代がすぐ間近に迫っている．世界の高齢化率の推移と今後の予測を図1.2[1]に，人口の推移の予測を図1.3[1]に示す．韓国，ドイツなどはわが国と同様に2050年には高齢化率は30%を超える．中国も一人っ子政策と生活水準の向上などが影響して少子化が進み，2030年ころには人口の減少に転じ，2050年の高齢化率は25%程度になると推測されている．2030年ころには人口が減少に転じている国が多いことがわかる．その中で，アメリカは例外的にヒスパニック系の人たちなどの出生

1.2 超高齢社会の進展と人口減少

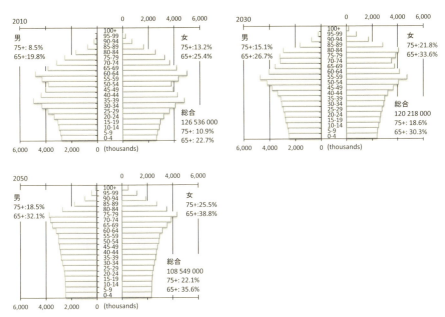

図 1.1 日本の人口ピラミッド[1]

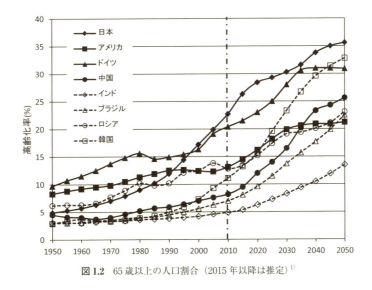

図 1.2 65 歳以上の人口割合（2015 年以降は推定）[1]

率が高いことや海外からの流入人口が多いことから，将来の高齢化率は 20％程度で安定し，人口は増大し続けると予測されている．アメリカなどの少数の国を除

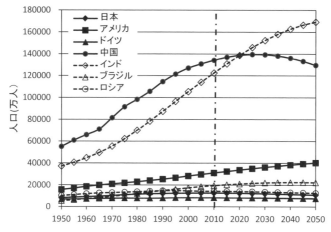

図 1.3 世界の人口(2015 年以降は推定)[1]

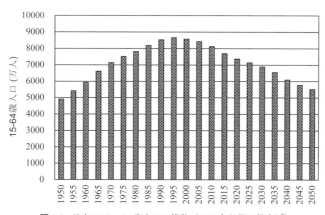

図 1.4 日本の 15〜64 歳人口の推移(2015 年以降は推定)[2]

く多くの国の高齢化率の上昇は次第に鈍化し,高齢化の進行が止まって安定した社会に移行すると考えられている.

図 1.4[2] はわが国の 15 歳から 64 歳までの人口の推移である.この年代の人たちを生産年齢人口といい,生産活動に関与できる最大限の人口を指している.この人口に就労率をかけると,実際に生産活動に携わっている人の人口(労働力人口という)が算出される.10 代は高校や大学に通っている人が多いので就労率はその世代の人口分は下がる.最近の男性,女性,全体の就労率はそれほど変化することがなく,85%,63%,74%程度である.図 1.4 を見ると,生産年齢人口は

1995年に8,660万人のピークをとり，その後は減少の一途をたどっている．2010年に比べて2030年の生産年齢人口は1,200万人，2050年は2,600万人減少すると推定されている．このような生産年齢人口の減少は潜在経済成長力を失わせ，持続的経済発展を阻害するのではないかと危惧されている．しかし，経済活動の規模は人口だけで決まるわけではなく労働生産性も関連するので，単純に生産年齢人口の減少が生産力の減少を指すわけではない．一方で，生産年齢人口は国内購買力に関連しているので，生産年齢人口の減少が国内消費の減少を招くことを危惧する面もある．

1.3 超高齢社会の経済問題

わが国の高齢社会の進展は，様々な面で経済に影響を及ぼすと考えられている．前節で述べたように生産年齢人口の減少は懸念材料であるが，経済規模と直結しているわけではない．女性就労率の上昇，65歳以上の高齢者の就労機会の増加，外国人労働者の雇用拡大，労働生産性の向上など，やるべき対応は残っている．図 1.5[3]は労働者1人当りの国内総生産（GDP，1990年の購買力平価換算値）を示している．わが国は先進国の中で20位前後に位置しており，高いほうではない．1990年代にはトップクラスにあったが，リーマンショックや東日本大震災などにより不景気な時代が続き，製造業やサービス業を中心として労働生産性が低

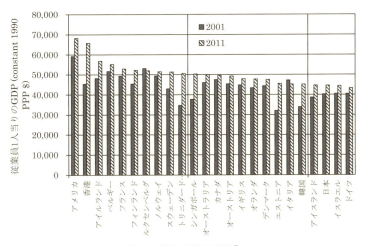

図 1.5 世界の労働生産性[3]

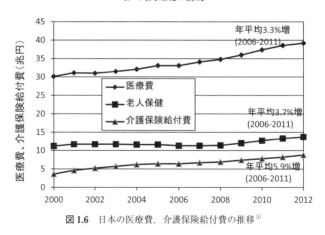

図 1.6 日本の医療費,介護保険給付費の推移[5]

下している.今後は労働生産性を上げていくことが重要であるが,それには技術イノベーションが欠かせない.

　また,高齢世代が保有する個人資産は 1,000 兆円といわれており,これは 2013 年 6 月末の国の債務残高 1,009 兆円に匹敵している[4].国の債務は税収によって償還していかなければならないので,その負担を担うのは若年世代である.このことは世代間格差といわれ,高齢社会の問題点の 1 つといわれている.高齢世代が保有する資産の多くは消費されることなく,子供の世代へと遺産として受け渡される場合が多く,国の債務を支払い続けた世代は遺産という収入を得るので世代間格差は相殺されることになる.しかし,超高齢社会となって死亡年齢が上昇するにしたがって,遺産を受け取る世代の年齢も上昇し,受け取った側も老後のために遺産を消費しない傾向が強くなる.すなわち多額の金融資産が世代間を遺産という形で移動していくだけで,消費に回っていかないという問題が生じる.将来の購買力が低下しないためには,高齢世代が保有する個人資産を消費に回すことを誘導する施策が必要である.このためには,定年に達した高齢者が自宅で隠居生活をするのではなく,社会との関係を維持することが重要である.健康を維持することによって,就労機会を増やすことや,NPO やスポーツクラブなどの地域社会で活発に活動することが大切である.

　高齢世代すべてが豊かなわけではなく,資産をもたない高齢者や健康でない高齢者への対応も重要である.これら高齢者の増加は,セーフティーネットの重要性を加速し,社会負担の増加を招いている.図 1.6[5] はわが国の医療費と介護保

険給付費の推移である．老人医療費の伸びは医療費全体の伸びを上回っており，介護保険給付費の伸びはきわめて大きい．このことは，高齢者の健康維持（健康寿命の延伸ともいわれる）の重要性を物語っている．中高齢者を対象とした生活習慣病の予防，予防医療の充実，スポーツ機会の増加などの対策が必要である．健康な高齢者が増えることによって，医療費や介護保険給付費の増加を抑制し，社会との結びつきが維持され，活力ある超高齢社会が実現することが大切である．

1.4　低炭素社会実現のためのエネルギー問題

わが国のエネルギー問題を考えるときには，S+3Eの重要性が強く叫ばれるようになっている．Sとはエネルギー供給の安全・安心（Safety）のことで，3Eとはエネルギーの安定供給（Energy security），経済性（Economics），環境保全（Environment）のことである．以前から，エネルギー自給率の低いわが国では安定なエネルギー資源を確保し，それを経済合理的な価格で供給することが求められてきた．地球温暖化の防止という環境制約の観点からは，二酸化炭素の排出削減のために化石燃料資源（とくに石油と石炭）への依存度を下げる政策がとられてきた．その結果として原子力発電の開発が進められてきた．ところが，2011年の東日本大震災と津波による福島第一原子力発電所事故を契機にして，安全・安心の重要性が一層高まり，将来のエネルギー供給計画について，様々な意見が錯綜している．十分な安全対策を施した上で原子力発電をどのように位置づけるかが大きな論点となっており，廃止して化石燃料発電と再生可能エネルギー発電のみに依存するという意見，既設発電所のみ再稼働するという意見，新設発電所まで認めるという意見まである．S+3Eの観点から議論され，国民的合意ができることを期待したい．

図1.7[6]は2013年の世界のエネルギー消費国のランキングを示している．2010年に中国のエネルギー消費がアメリカを抜き，世界1位になった．人口が多く，国土が広い国のエネルギー消費が多い．中国やインドなどの新興国は石炭依存度が高く，ロシアは世界有数の天然ガス産出国なので，天然ガス依存度が高い．わが国は石油依存度が高いのが特徴である．エネルギー消費を人口で割って1人当りのエネルギー消費を見てみると，アメリカは中国の3倍以上のエネルギーを消費している．1人当りのエネルギー消費量は先進国に比べて新興国のほうが少な

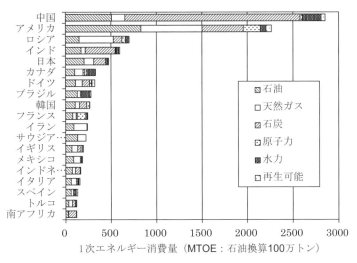

図 1.7 エネルギー多消費国（2013年）[6]

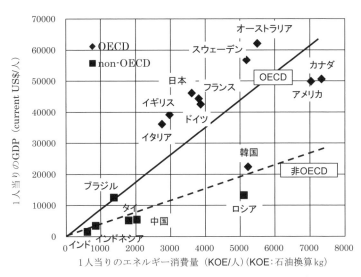

図 1.8 1人当りのGDPとエネルギー消費の関係（2011年）[7]

く，生活水準の向上のために新興国のエネルギー消費は増加していくと考えられる．

エネルギー消費は人口と経済規模の影響を強く受けるので，図1.8[7]に1人当りのエネルギー消費と1人当りの国内総生産の関係を示す．図の左上方の国は同

表 1.1　エネルギー資源の確認可採埋蔵量と可採年数[6]

	石油 (十億バレル)	天然ガス (兆 m^3)	石炭 (十億トン)	ウラン (千トン)
可採埋蔵量	1,687.9	185.7	891.5	4,379
北米	13.6%	6.3%	27.5%	20.5%
中南米	19.5%	4.1%	1.6%	3.8%
ヨーロッパ	8.3%	30.5%	34.8%	20.3%
中東	47.9%	43.2%	3.7%	0.0%
アフリカ	7.7%	7.6%		23.2%
アジアパシフィック	2.5%	8.2%	32.3%	32.3%
年生産量	86.8	3.39	7.90	57.2
可採年数	19.4	54.8	112.9	76.5

じ GDP を少ないエネルギーで生むことができ，右下方の国は多くのエネルギーを要している．つまり，前者は省エネルギーの進んだ国ということである．図中には国際協力機構 OECD 加盟国（先進国を指す）の平均線と非加盟国（新興国を指す）の平均線が書かれており，先進国のほうが省エネ社会が実現されていることがわかる．

表 1.1[6] はエネルギー資源の確認可採埋蔵量と可採年数を示している．石油や天然ガスは中東やロシアに埋蔵量が集中しているのに対し，石炭は世界に比較的均等に分布している．石油の可採年数は 20 年程度となっているが，油田開発技術の向上と原油コストの上昇により新たな油田が発見されているので，この可採年数は伸びる可能性が高い．天然ガスについては，シェールガスの発見やメタンハイドレイトの開発により，可採年数は今後大幅に伸びるといわれている．石炭は安価で新興国の発展のために欠くことのできない資源であり，可採年数は最も長い．

図 1.9[8] はわが国の 1 次エネルギーの推移を示している．1970 年代のオイルショック時には石油依存率は 70% を超えていたが，その後の脱石油依存政策により現在の石油依存率は 50% を切っている．天然ガスは石油や石炭と比べて，同じ発熱量を得る上で発生する二酸化炭素は最も少ない燃料なので，有効に活用して，二酸化炭素の排出を削減することが重要である．再生可能エネルギーの中では，水力が最も利用されているが，太陽光や風力発電はきわめて少ない．

図 1.10[6] は各国の再生可能エネルギー導入状況を示している．再生可能エネルギーとは，水力発電，風力発電，太陽光発電，地熱発電などの自然エネルギーのことである．世界的に最も利用されているのは水力発電で，続いては風力発電で

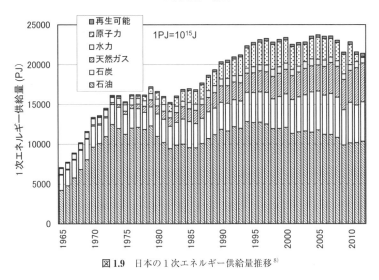

図 1.9 日本の1次エネルギー供給量推移[8]

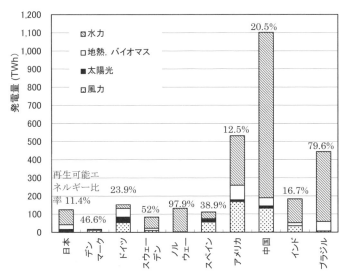

図 1.10 各国の再生可能エネルギー導入状況（2013年）[6]

ある．わが国は全発電量の 11.4% を再生可能エネルギーから得ているが，半分以上は水力発電である．低炭素社会を目指すには，再生可能エネルギーの活用が重要であるが，水力発電と地熱発電を除く他の再生可能エネルギーのコストは高く，その普及を困難にしている．再生可能エネルギーの普及のために，再生可能エネ

ルギー源（太陽光，風力，水力，地熱，バイオマス）を用いて発電された電気を，国が定める固定価格で一定の期間電気事業者に調達を義務づける固定価格買取り制度が施行されている．電気事業者が再生可能エネルギー電気の買取りに要した費用は，電気料金の一部として，使用電力に比例した賦課金という形で国民が負担することになっている．この制度により，エネルギー自給率の向上，地球温暖化対策，産業育成を図るとともに，コストダウンや技術開発によって，再生可能エネルギーの普及が期待されている．しかし，再生可能エネルギーを高い価格で買い取り，その差額を国民が負担するという制度は，再生可能エネルギー量が増えてくると賦課金を加味した電力価格が高くなるので，国民生活を圧迫するとともに製造業の国際競争力を低下させる懸念があり，再生可能エネルギーの普及初期段階に機能する制度と考えられている．

これまでは，エネルギー供給という視点からエネルギー問題を考えてきたが，低炭素社会を実現するためには，エネルギーの消費側の取組みも重要である．通常，エネルギー消費は以下のような消費部門に分けて統計がとられており，各部門の2012年のエネルギー消費割合は，①産業部門45％，②民生・業務部門12％，③民生・家庭部門16％，④運輸・旅客部門16％，⑤運輸・貨物部門9％である．産業：民生：運輸の比は，おおよそ2：1：1である．図1.11[8]は1990年を基準として，それ以降の各部門のエネルギー消費量の増減を示している．産業部門はエネルギー多消費産業から少消費産業への構造変化や省エネルギーの推進により大きく消費エネルギーが減少しているのに対して，家庭部門，業務部門，旅客部

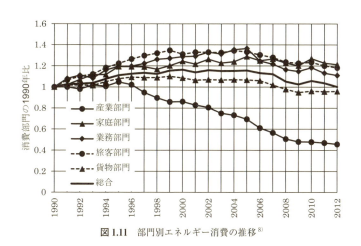

図1.11 部門別エネルギー消費の推移[8]

門のエネルギー消費の伸びが大きい．世帯数の増加，業務用建物の床面積の増大，マイカーの保有数の増加などがその増加の原因である．エネルギー消費を削減するには，国民1人1人の生活や仕事において省エネルギーの考えを浸透するとともに，エネルギー消費の少ない機器類の開発と普及が重要である．

1.5 都市と農村環境の変化

晩婚化，出生率の低下，独居老人の増加など少子高齢化に伴って個人を取りまく社会は変化し，都市や農村の環境も大きく変化しようとしている．昔は，20～30代で結婚して，2人の子供を設け，終身雇用の会社で定年まで働くという人生が多かったが，近年は，生き方が多様化し，2010年の生涯未婚率（50歳での未婚の率をいう）は男20％，女11％となっており，1990年の男6％，女4％に比べて大きく上昇している．少子化の要因として，この未婚率の上昇が注目されているが，未婚率の変化は人の生き方の変化であるから，その良し悪しを議論すべきものではない．結果的に出生率は2を切るようになり，親の家や農地を相続する子供がいない世帯が増えてきた．

まず農村について見てみると，図1.12[9]は耕作放棄地面積とその耕作地面積に対する比率の推移である．1990年ころから増加を始め，2010年には耕作地の1割が放棄されている．耕作放棄地の内訳は図1.13[9]に示すように，規模の小さい自給的農家の耕作放棄が進んでいる．図1.14[9]は兼業農家を含む自営農業従事者の年齢構成の推移である．農業従事者数の減少が著しく，65歳以上の従事者の比率

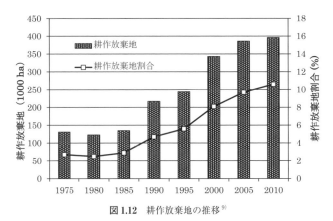

図1.12 耕作放棄地の推移[9]

1.5 都市と農村環境の変化

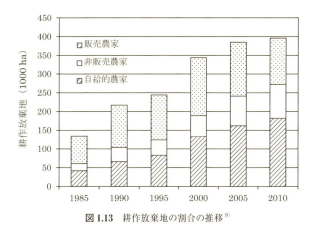

図1.13 耕作放棄地の割合の推移[9]

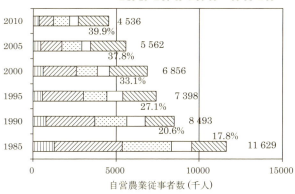

図1.14 自営農業従事者の年齢構成の推移[9]

が40％にまで達している．普段の仕事が農業である基幹農業従事者に絞ると，65歳以上の従事者の比率は60％に達しており，わが国の農業の後継者不足は深刻で，すでに崩壊しているといわざるをえない．稲作農家の高齢化率は70％を超えているのに対し，酪農や養鶏農家の高齢化率は30％前後で，酪農や養鶏農家など農業規模が大きく収入の多い農家では，後継者問題は深刻でないことがうかがえる．

次に地方都市に目を転じると，少子高齢化や大都市への集中などが原因で，地方都市の衰退が始まっている．大都市圏では空き家率の変化は少ないが，大都市圏を除く地域では空き家率は上昇し続けており，15％を超える地域も多い．地方

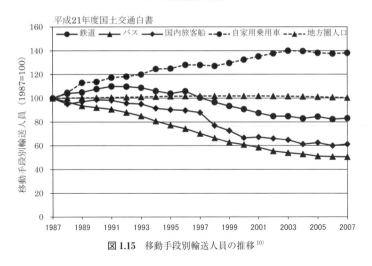

図 1.15 移動手段別輸送人員の推移 [10]

都市や農村の人口減少は地方の公共サービスの維持を困難にし，住みやすさを低下させる原因となっている．図 1.15 [10] は移動手段別輸送人員の推移である．1987 年を 100 とした相対値を表示している．鉄道，バス，旅客船など公共交通機関の利用者はすべて減少し，自家用車利用者が増加している．バス利用者の減少が著しく，バス事業者の経営を圧迫し，バス事業のみでの独立採算は困難な状況になっている．その結果，不採算路線の廃止などが進み，自家用車の運転ができない 18 歳未満や高齢者の移動手段が困難な状況になっている．このような事態を改善する方法として，医療・福祉施設，商業施設，行政サービス提供施設等を地域拠点に集積し，住民が過度に自家用車に頼ることなく，公共交通機関によりこれらの施設にアクセスできるようなコンパクトシティの形成を促進する構想がある．その地域に徒歩や自転車等による移動を容易にするため，歩道・自転車道の整備，バリアフリー化等を一体的に進めている都市もある．このようなコンパクトシティ構想は効率的な行政サービスの提供が可能で，住みやすい地方都市が形成されるという利点がある一方で，古くから形成されてきた地域コミュニティの崩壊やコンパクトシティ以外の地域の人口減少と荒廃を促進するという問題も出てくる．地方都市や農村の公共サービスをいかに維持していくかは，今後の大きな問題である（3 章参照）．

1.6 人間環境の創成

これまで，超高齢社会の進展に伴う様々な社会問題や低炭素社会実現のための問題について概観してきた．昔の公害問題であれば，原因物質を放出している企業が特定され，その放出を止めれば公害の拡大は防止できたが，超高齢社会問題や低炭素社会実現問題は，何かの1つの対策で解決するようなものではなく，様々な対策を総合的に実施する必要がある．それを支えるのは科学技術のイノベーションである．図1.16[11]は国および民間企業の研究開発費総額のGDP比（％）のランキングである．わが国は長い間不景気な時代が続いたが，3％以上の研究開発費が投入されており，世界のトップクラスである．国よりも民間企業の研究開発費が多いのが特徴である．このような状況は，わが国が世界に率先してこの複雑な問題を解決していく国となりうるための重要な要素である．

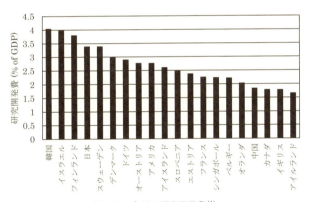

図1.16 各国の研究開発費[11]

2 計算科学と医学の融合による新しい健康科学の創成に向けて

2.1 臨床医学，基礎研究における問題

2.1.1 高齢化に伴う健康問題

わが国は前例のない高齢化社会を迎えようとしているとよくいわれるが，それはどのようなものであろうか．図2.1に年次に伴う人口構成の変化を将来の予測まで含めて示す[1]．1980年代から徐々に進行している65歳以上の人口の増加に加え少子化傾向は20歳以下の若年層の減少が年次進行によって青年および中年層の減少にまで及び，この結果高齢者人口の割合の急速な増大を引き起こす．図からはこの傾向はさらに加速していくことが明らかである．このような現象は日本だけに留まらず先進国には共通したものであり，実際図2.2の上段に示すように現時点ではヨーロッパおよび北米の人口構成も日本との類似が見られる[1]．しかし下段に示す近い将来の予測によれば，日本のみが40％近い高齢人口をもつまさ

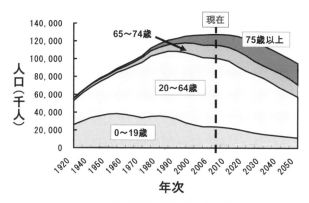

図2.1 年次に伴う人口構成の変化[1]

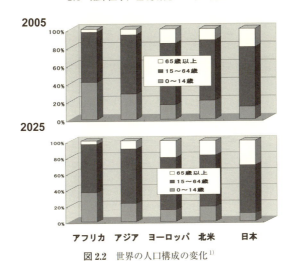

図 2.2 世界の人口構成の変化[1]

に前例のない高齢化社会に直面する可能性があることが示されている．我々はこの状況で発生する多様な問題に対し解決策を迫られている状況にある．

このような社会においては高齢者が積極的に社会に参加し労働力としても貢献していくことが必須と考えられるが，それを可能とするのは何よりも個人個人が健康な生活を送っていることであることはいうまでもない．

健康問題のとらえ方，分析法は対象が個人レベルから社会全体の問題に及んでおり多面的であるべきであるが，最も重大な問題として日本人の死因を見てみよう．すでに広く報道され社会の大きな関心事となっているとおり，ガンによる死亡が全死亡の30％を占め第1位となっており，心疾患，脳血管疾患が続いている（図2.3）[2]．ところが年齢階級別に細かく死因を見ると状況は大きく変わってくる．中年期には圧倒的な割合を占めたガンによる死亡が高齢期になるに従って減少する一方で，心疾患の占める比率が上昇しており，とくに85歳以上の女性では心疾患が死因の第1位となっている（図2.4）[2]．この傾向に先ほど示した人口構成の変化を重ね合わせれば，将来心臓病が日本人の死因の首位を占めることは想像に難くないと思われる．この原因としてはガンの経過の早さなどが考えられるが，一方で重症の心不全などにおいては5年生存率はガンより低いというデータもある．一家を支える壮年期の男女の突然の死は悲劇であり，ガンの克服が重要な課題であることはいうまでもないが，超高齢化社会においては心臓病の解決も

18   2. 計算科学と医学の融合による新しい健康科学の創成に向けて

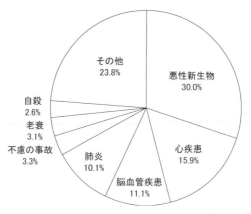

図 2.3 日本人の主な死因（平成 20 年度）[2]

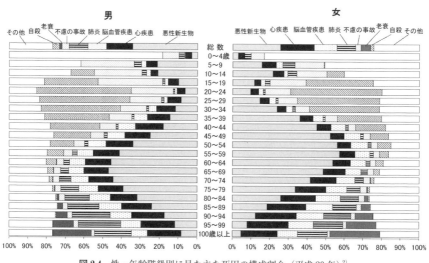

図 2.4 性・年齢階級別に見た主な死因の構成割合（平成 20 年）[2]

同様に重要な問題となってくることが示唆される．

2.1.2 循環器疾患と医療費

　循環器疾患は医療経済面においても大きな問題をもたらしている．既報のとおり医療費は急激な増加傾向を示しており，2006 年度においては約 30 兆円で実に国民所得の 9%に上りこの 30 年間でおよそ 5 倍になっている（図 2.5 上段）[3]．その中で循環器疾患に向けられる一般医療費は 23%を占め死亡数では首位となっ

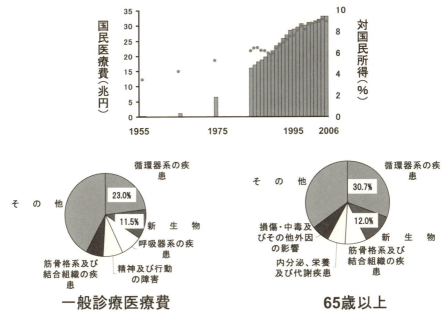

図 2.5 国民医療費の概況[3]

ていたガンを抑えて最も大きな部分を占めているが，とくに 65 歳以上の高齢者については患者数の増加もあり実に 37% とガンの 3 倍以上となっている．ガンとの対比については友池が興味深い分析を行っているが，それによれば，1) このような多額の医療費であるが 1 人当りに換算すればガンに費やされる医療費の方が高額であること，2) 一方，生命に危険のある患者全体の中で循環器疾患の占める割合が最も多いものの，死因別死亡確率はどの年齢層でもガンなど悪性新生物によるものが高くなっており，循環器疾患は生命の危険が迫っているような重症の場合にも治療によって軽快することが示唆されている[4]．つまりある面ではこの多額の医療費は有効に使用されているともいえるわけであるが，内容についてはさらに検討，効率化が望まれることはいうまでもない．

わが国の医療費は技術料より材料費に偏っているといわれるが，カテーテルペースメーカーなどの高額医療器材を多用する循環器医療においてはこの問題が顕著であり，その上にこれらを輸入品に頼っているため，内外価格差が問題を増幅している．こうした問題は年々改善されているが，たとえば平成 17 年度の公正取引委員会報告においては代表的医療器具であるペースメーカーにおいて約 1.6 倍，

PTCA（冠動脈の狭窄を治療するための手技）カテーテルにおいて約2倍の価格差があり，国産品のシェアはペースメーカーで0%，PTCA カテーテルにおいて22%となっている[5]．

具体例として植込み型除細動器（implantable cardioverter defibrillator：ICD）を考える．後述する心不全と呼ばれる病態においては，持続性心室性頻拍や心室細動と呼ばれる突然死につながる不整脈を併発することがしばしば見られる．突然死予防のために様々な薬剤の効果を検証する臨床試験が行われたが，一部の薬剤を除き効果は認められずとくに初期に行われた大規模試験においては，逆に薬剤の投与によって死亡が増加するという深刻な結果を生んでいる（CAST study）．近年薬物治療に代わり著明な効果をあげるものとしてICDに注目が集まっており，2005年に発表された2,521例を対象に薬物療法およびプラセボ（偽薬）群との比較をした臨床試験では，ICDは統計的に有意に死亡リスクを低下させることが示された（図2.6）[6]．しかしICDは比較的内外価格差が小さいとはいえ300万円を超える保険償還価格である．さらにこれらの臨床試験において1人の患者を救うために治療しなければならない数（number needed to treat：NNT）を分析したところ10を超えていた．いいかえれば9人に使用されたICDは無効であり，極限すればこのような高額の医療機器が相当数無駄に使用されていることになる．植込み前に効果を予測できない現状では，1人の突然死の犠牲者を救うために社会が負担しなければならない医療費ということができる．個々の症例に対する適応を検討する仕組み，および国産の安価なICDの開発が急務であることはいうまでもないであろう．

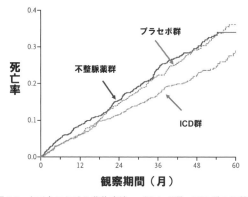

図 2.6 心不全における薬物療法・プラセボ群・ICD 群の比較[6]

また循環器疾患は，心筋梗塞に見られるように緩徐に進行する動脈硬化を基礎にしながら急性に発症し重篤な状態を治療によって乗り越えても完治はせず，長期に及ぶ例がしばしば見られる．急性期の入院中における高度医療，外来での慢性期の管理，さらに予防を効率的に組み合わせ行っていく医療システムの観点からの改革も，限られた資産を効率的に利用していくための今後の重要な課題と考えられる．

2.1.3 加齢と循環器系の変化

加齢は心臓を中心とした循環器系にどのような変化をもたらすであろうか．動脈硬化は個人差はあるものの加齢とともに進行し，脳卒中や虚血性心疾患（狭心症，心筋梗塞）の原因となるが，"生活習慣病"，"メタボリック症候群"などの言葉に象徴されるように近年国民的な関心を集めた結果，高血圧などの動脈硬化のリスク要因の是正が図られ脳卒中の死亡率は近年大きく減少している．心筋梗塞も減少しているが，この傾向には多少分析が必要である．動脈硬化は徐々に進行する病態であり，現時点でのリスク要因の有無だけでその重症度が決まるものではない．現在の高齢者が若年であった第2次世界大戦後まもない時代には，長期にわたり動脈硬化のリスク要因である血清コレステロール値が比較的低値であったことが知られており，他のリスク要因の是正と相まって心筋梗塞の発症を減らしている可能性が考えられる．一方その後の食生活の西欧化により，現在の若年層では血清コレステロール値が高値であることが報告されており，これらの世代が高齢者となる時代には再び増加する可能性も指摘されている．

血管の変化はこのような虚血性心疾患の直接の原因となる粥腫（粉瘤，アテローム）の形成だけでなく，大動脈や細小動脈壁の肥厚も含まれる．この結果血管は伸展性を失い，心臓が血液を駆出する際の負荷の増大につながる．くわしく述べれば，心臓が拍動によってある量の血液を大血管に送り出すと血管の圧力は急激に上昇し（収縮期圧の上昇），この血液が末梢に流れていくとただちに圧力が低下する（拡張期圧は上昇しない）．これが高齢者に見られる収縮期高血圧＋脈圧の増大という現象の元となっている．拍動ごとに生じる心臓への負荷が長期間にわたると，心臓の壁を形作る筋肉の肥大（筋肉細胞1つひとつの大きさの増加）が進行する．一般に老化の過程においては，細胞の消失が起こり多くの臓器で重量が減少していくが，興味深いことに図2.7に示すように主要臓器の中で心臓のみ

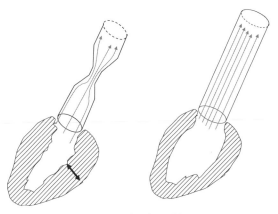

図 2.7　心肥大の原因

がその重量を増していく．このような変化はトレーニングによって骨格筋が肥大していく様子にたとえられるが，重要なことは心筋においては一見適応現象と見られるこの変化が長期的には適応として働かず，細胞死と細胞間質の線維の増生を経て最終的には深刻な心臓の機能低下（心不全）につながることである．

　心不全については，虚血性心疾患と対照的に増加傾向が認められている．心不全とは文字どおり心臓の機能が低下する状態であり，その結果身体活動能力の低下や致死性不整脈の出現が見られ心臓突然死につながることもある．とくに重症者では生存率は 6 カ月で 50％ともいわれ，予後はガンよりも悲観的といえる．原因は多岐にわたり心筋梗塞の後遺症として発生することもあるが，主に心室の壁を構成する細胞の機能低下および減少とそれに伴う線維組織の増生によって引き起こされる．アメリカでは慢性心不全患者が約 500 万人存在し毎年 50 万人が新たに発症しているとされるが，日本でも 200 万人前後の患者数が推定されている[7]．心不全は細かく述べれば収縮機能不全と拡張機能不全に大別されるが，近年高齢者の拡張機能不全は高率に発症しているものの，診断が困難であるため見逃されていることが指摘され問題となっている．治療・予防法に革新的な変化がなければ，今後高齢化とともに患者数は増加していくものと考えられている．また病気そのものが加齢と関係していることから，現状の治療は完治よりむしろ管理を中心としたものとなっている．高齢の患者が環境の変化から状態の悪化に陥り入退院を繰り返すことはけっして稀ではなく，老老介護の問題とも関連して社会全体のみならず家族にも大きな負担をもたらすことになろう（図 2.8）．

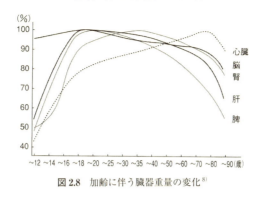
図 2.8 加齢に伴う臓器重量の変化[8]

2.1.4 医療側の問題

 当然現在もこうした諸問題を解決するために多方面での努力が続けられている．疾患の予防治療についていえば，その重要な要素は基礎から臨床に及ぶ医学研究であるが，他の分野と同様に細分化が進み，報告される論文も膨大な数となっている．たとえば 2000 年 1 年間に出版された心臓血管系の学術論文は，英文の代表的 20 誌（インパクトファクター順に選択）のみでも総数 4,294 編に及んでいる[9]．もちろん各々の医師，医療従事者の関係する範囲は限られており，すべてを理解する必要はないが，最新の知見を現場に取り入れ活用していくには大変な努力が必要となる．

 一方で医師を取り巻く環境はどのようなものであろうか．医師の過重労働が報じられて久しいが，実際に医師需給に関わる医師の勤務状況調査（病院分中間集計結果（平成 18 年 3 月 27 日厚生労働省））によっても，病院勤務医の 1 週間当りの勤務時間平均は，平均 66.4 時間（最大 152.5 時間，ちなみに 1 週間は 168 時間である）と裏づけられており，さらに 3 年前との比較においては 67.7%の医師が勤務負担が増えていると回答している．こうした事態の下には医療費削減，医療訴訟，医療事故に対する警察の介入など医療崩壊の原因として取り上げられる大きな問題が前提としてあり，これらの事例に関わるリスクの高いポジションからの医師の撤退によるスタッフ不足，診療に直結しない業務の増加などが勤務負担に拍車をかけるという悪循環が生じており，この傾向は当分続くものと考えられる．こうした問題の根本的解決は一朝一夕になるものではなく，また本章のスコープを越えたものであるが，仮に事態が改善されたとしても当直勤務，救急対応

などに追われる医師が多忙であることに変わりはなく，効率的な学習の方法を確立することは重要である．また各局面において判断を支援するシステムの整備も必要と思われる．

2.1.5 臨床医学における decision making

医学は病に苦しむ人を救うという倫理感に基づくきわめて実際的な技術であるが，当然のことながら基礎研究を基盤とした科学としての面ももっている．そのために医学生は4年間の専門課程のうち2年近くを基礎医学の学習にあて，その知識をもとに臨床医学を習得し医師としてのスタートを切る．しかし上に述べたような多忙な環境の中で，ともすればキャリアの中で蓄積された経験に日常臨床における判断を頼り，基礎医学に基づいた思考から遠ざかるのは止むを得ないこととも思われる．むしろ現在臨床医学における decision making のために推奨されているのは，evidence based medicine（EBM）と呼ばれるアプローチである．EBM とは図2.9A に示すようなステップに従って，臨床の現場で遭遇した疑問に対し問題点を明確にし，それに対して信頼できかつ現に対象となっている患者に対して適合する臨床データを検索し，それを decision making に役立てていくというものであり，治療方針に留まらず，診断，検査法の採用にまで活用される．ステップ2のエビデンスの検索においては，当然コンピュータの活用が重要で情報技術の習得にも重点がおかれている．ここでデータの信頼性については図2.9B に示すようにランダム化試験の結果が重要視されており，各報告を吟味するため

A. EBM のステップ

ステップ1	臨床問題の明確化（抽出と形成）
ステップ2	信頼できるエビデンスの効率的な検索
ステップ3	エビデンスの妥当性と有用性の検討
ステップ4	個々の症例における方針決定へのエビデンスの応用

B. エビデンスの質

レベル1	ランダム化比較またはメタ解析
レベル2	非ランダム化比較
レベル3	分析疫学的研究（cohort, 症例対照研究）
レベル4	記述的研究
レベル5	専門委員会やエキスパートの意見（上記のエビデンスには言及しない）

図2.9　EBM の実際

の研究計画，データの統計処理に関する知識を医学教育に取り入れていくことが推奨されている．これに対し，個々の医師の経験に基づいたエキスパートの意見がレベル5とされていることが，従来と大きく異なる点といえるであろう．

EBMは前項で述べたような爆発的に増加しつつある医学知識を，発達した情報検索ツールを用いて十分に活用し臨床医学の不確実性を改善していくパラダイムの変革であるともされる．しかし一方で臨床試験にのみ重点がおかれ，基礎医学の知識を取り入れる方策が示されていないのも事実であろう．もちろん基礎医学の新知見が臨床の場に応用されるまでには，長い時間と両者をつなぐレベルの研究が必要であること，さらにすべての臨床試験は基礎研究の上に成り立ったものであることは事実であるが，統計的相関関係，因果関係のみを重視する一般の臨床試験に基づく医療は人間をブラックボックスとして見る方向に導いているようにも思われる．

EBMは医療の個別最適化を目指している．しかしここで最も信頼できるとされるランダム化試験を行うには，同質な多数の集団に対して介入を行う必要があり，得られた解答はたかだか数種類の臨床指標によって特徴づけられる，もしくは該当する個人に適用されるものである．一方現場ではさらなる個別化，テーラーメード医療を目指してバイオマーカーの開発やゲノム情報の活用が行われている．個別の指標について従来の臨床試験を適用しその感度，特異性，有用性を検討することは可能であるが，これらの指標（素因）間のクロストークを考慮すると，多数の指標の特定の組合せから特定される個人（究極には世界で1人）に対して統計データを得ること，それを拠り所に意思決定を行うことは不可能になってくる．そこでは再び解剖学（形態），生理学，生化学（機能）といった基礎医学から積み上げ，そこに個人差を取り入れて個人最適化を行う医学が必要となってくるであろう．しかし当然のことながら，忙しい臨床の場でこのような思考をいちいち行う時間はなく，コンピュータシミュレーションなどを基盤とした意思決定支援のシステムが求められるであろう．

2.1.6 臨床試験における問題

EBMの根幹をなす臨床試験にも問題が指摘されている．臨床試験とは「ヒトに適応される予防，診断，治療法の効果を事前に作成された計画書に基づいて前向きの研究によって明らかにするために行われる科学的技術評価法」である[10]．こ

の結果によって臨床医は新しい診断法，治療薬，治療技術がどのくらい有用であるかを知ることができる．ここでわざわざ「どのくらい」と述べたのは臨床試験では多数の個人を対象にするため，評価に伴う誤差やバイアスを0にすることが不可能であるため，結果の信頼性にはある幅があることは避けられないからである．このために現在薬物療法の効果が一見限界に近づいた，もしくは break-through をもたらす発見がしばらく見られない領域においては，統計的有意差を検出するためにきわめて多くの対象を試験に含めるいわゆる大規模臨床試験（mega study）を実施することが必要となっており，新薬の開発（創薬）に要求されるようになり，開発コストを押し上げる一因となっている．

さらにこの巨額の費用が開発者（製薬企業）によって提供されているという状況下で，これを回収するために場合によっては正当化されないような試験プロトコール，データ解析法によって効果を過大に評価したり，誤った印象を与えるような試みまでなされているとの指摘もある．たとえば臨床試験においては実施前に評価項目（エンドポイント）を設定するが，これを単一にせず非常に重要なものからあまり重要ではないが頻度の高いものまで含めておく（複合エンドポイント）．場合によってはこの重要性の低いエンドポイントが試験の対象となった薬剤の効果と関連するため，実際より過大に効果を評価することにつながるわけである．このような事態の改善には審査委員会における厳密な実験計画法および統計手法のチェックが求められるが，候補物質の探索から上市まで膨大な時間とコストを要する現在の創薬の合理化も重要な検討事項であろう．

2.1.7 基礎医学と臨床医学の関係

分子生物学の進歩によるヒトゲノムの解読完了を受けて，研究の中心はそれらの転写調節（トランスクリプトーム）によるタンパクの合成と翻訳後の修飾（プロテオーム），それらがどのように細胞内に分布して機能を発揮するかを解明することへと発展しつつある（図2.10）[11]．この過程で得られた知見は膨大なものとなっており，すでにヒトがすべてを記憶しそれらの間のクロストークを考察することは不可能となっているため，データベース，データマイニングの利用およびシミュレーションの応用が進められている．システムバイオロジーと呼ばれるこのような分野で行われているシミュレーションは，ほとんどが反応を記述する微分方程式を連立したものであり，反応の場となる機能分子の細胞内局在，反応の

2.1 臨床医学，基礎研究における問題　　27

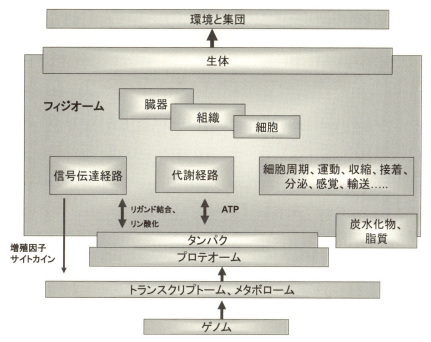

図 2.10　フィジオームと生体の構造との関係[11]

基質，生成物の濃度分布，移動などは考慮されていない．一方で分子イメージングを中心にした実験技術の進歩によって，細胞内における機能分子の局在，その間の代謝産物の輸送などが細胞が正常に機能を発現していく上で重要であることが明らかにされつつあり，形態，空間分布を考慮したシミュレーションモデルが求められるようになっている．

　こうした傾向は図の上方，すなわち更なる統合の方向に向かうにつれ，知識の増大，構造の複雑性が加速度的に増大するゆえにますます重要な問題となってくる．心臓病を中心とした循環器の領域臨床においても，病気の原因が遺伝子，分子レベルで特定されるようになっている．しかし臨床の場で症状に直結しまた病態を把握するのに重要とされる指標は，心臓を出入りする血流の様子，心臓の壁の動き，体表面心電図などの物理的かつマクロの現象に由来するものが大部分を占める．ミクロの異常が生体の各レベルを通じて影響を及ぼし，マクロの異常につながるメカニズムを実験的に明らかにすることは困難であり，シミュレーションの役割がさらに重要となる領域である．それぞれの分子の働きとベッドサイド

で観察される状態との関係をダイナミックに示すようなシミュレーションの実現，これによって病態の理解が進展するばかりでなく，前項に述べたような，集団から得られたデータに基づく医学から個人の特性に基づいたテーラーメード医療への変革が可能となることが期待される．

2.2 マルチスケールシステムとしての心臓 —実験的アプローチ—

2.2.1 心臓の役割

前節では心臓病すなわち心臓が悪くなることの影響を述べたが，悪い心臓を評価するには正常の機能を知らなければならない．本節では心臓の機能をマクロからミクロの各レベルで解説するが，その前提として心臓が健康な生活を送るためにどんな役割を果たしているかを考える．いうまでもなく生命の基本単位は細胞であり，単細胞生物も代謝（生化学反応）を営み細胞膜によって隔てられた外界と物質・エネルギー・情報の交換を行いながら生命を維持している．単細胞生物などでは小さな細胞のサイズの故に物質の交換は拡散に依存しながらも維持されている．細胞を一種の代謝プールと考えれば，体積が大きくなれば代謝量が増加しまた多様な反応を営むことも可能となりうると思われる．しかし球状の形態を仮定すれば，体積の上昇（半径 r の増大）に比して表面積の増加は小さく，その

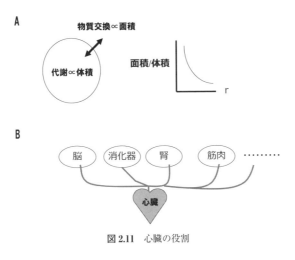

図 2.11　心臓の役割

比を考えれば代謝を維持するだけの物質交換は実現できなくなるであろう（図 2.11A）．

さらに細胞が大きくなれば当然拡散距離は増大し，結局大きな細胞というものは存在しえないことがわかる．そのかわりに生物は多細胞からなるある機能に特化した臓器または器官系を進化させ，その間の情報，物質の輸送を担うシステムをもつことによって個体として高度かつ多様な機能をもつことが可能となった（図2.11B）．その中で，血液（一部リンパ液）に乗せて物質，情報（生理活性物質），エネルギー（熱）の輸送を行うことによって生命を維持しているのが循環器系であり，その中心にあってポンプの役割を果たしているのが心臓である．一面から見れば，心臓は他の器官系に奉仕する臓器であり，その意味では体の中で場所をとらない（小型），エネルギーをあまり消費しない，壊れない（信頼性）などの特性をもっていることが望まれる．さらに人体は運動をすると筋肉を中心に血流量が増加し，安静時の5倍にも及ぶ．

このように刻々と変わる要求に即座に応答するということも正常な心臓に要求されている．これらの特性の意味は人工物（人工心臓）との比較によって明らかになろう．人工心臓は基本的には機械的なポンプであり，それに生体適合性などの要件を加えたものにすぎない．しかしすでにヒトへも応用され，最大数年間も生命を支えた実績がある．近年心臓には循環調節に関連したホルモン分泌機能もあることが注目されているが，ポンプの働きさえあれば生命の維持には最低限支障がないことがわかる．ところが他の面を見ていくと，我々のもっている自然の心臓の素晴らしさが実感される．大きさを見てみよう．初期の人工心臓または現在でも急性期に用いられる補助循環装置は，体内に移植された人工心臓にチューブなどで体外の小型冷蔵庫ほどもある駆動装置が連結されており，この全システムが心臓に相当する．もちろん現在では，小型化され肩から下げることのできるほどの装置をもって社会生活を送れるものが臨床試験段階になっているが，そのためには全心臓ではなく左心室の機能のみの代用であり実際の心臓のような拍動するポンプではなく，連続流のポンプにするといった工夫がなされている．拍動のないことが長期の健康に及ぼす影響については，懸念する報告もあるが結論は出ていない．

しかし現時点では自然の心臓のすべてを代用する人工心臓を本物と同じ大きさで作ることは不可能であり，その実現についても予想は立たないのが実情である．

エネルギー効率については菅ら[12]の膨大な検討があるが，ATP から機械的仕事への効率は実に 60％とされている．これは筋肉のもつ素晴らしい性質の1つであり，カメの骨格筋では 70％にも達するといわれている．これを体温程度の温度で実現されていることも，人工物では真似のできない特性である．最後にこれまで述べたとおり，高齢化とともに問題が起こってくることも事実ではあるが，多くの場合平均寿命まで修理もメインテナンスも必要とせず毎分およそ 60 回の拍動を続けてくれるのも事実であり，非常に信頼性の高いポンプであると考える．なお心臓を構成している心筋細胞は従来成人では分裂しないと考えられてきたが，近年心筋梗塞発症後などに分裂し再生に役立っている可能性が指摘されている[13]．つまり自己修復能力まで備わっているということになる．

2.2.2 心臓の形態と機能（マクロ）

このような素晴らしい機能を実現している心臓は，どのような形態をもちどのように機能しているのであろうか．図 2.12 に肉眼で観察できる（マクロ）心臓の構造を示す．全身から還ってきた血液は右心房，右心室を経て肺に送られ左心房へと戻る．さらに左心房から左心室へ流入した血液は，大動脈を経由して全身の臓器に送られる．両心房，心室は主に心筋細胞からなる袋状の構造をしており，筋の収縮によりその内容積を減じることにより血液を駆出する．この際血液の逆流を防ぐために弁が働いているわけである．また心房→心室という流れを円滑に進めるため，また心房や心室がそれぞれ同期して収縮・弛緩を行うために，刺激

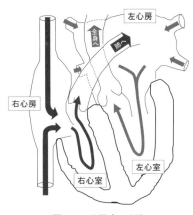

図 2.12 心臓内の血流

伝導系と呼ばれる分化した心筋細胞が分布している．右心房の上部にある洞房結節と呼ばれるペースメーカー細胞から発生した興奮は，右心房，左心房に伝播し収縮することによって両心房に残る血液を心室に送り出す．興奮は心房と心室をつなぐ房室結節と呼ばれる部位に到達しているが，この組織は伝導速度が遅いため心室への興奮伝播に遅れが生じる．この結果心室は血液が充満したところで収縮を始めることができ，この点でも心臓は最適にデザインされていると考えられている．

心臓に要求されるポンプとしての基本的な性能は，全身の代謝を支えるために必要な酸素および栄養を血液に乗せて循環させることである．心臓は成人男子においては安静時に毎分5L前後の血液を送り出しているが，運動時には即座にこの5倍にも達する量を拍出する能力をもっている．またこの際血圧も上昇している．このような大きくかつ即応性の出力の調整は神経やホルモンの支配下に行われているが，このようないわば心臓外からの調節機構に加え，内在性の調節機構も心臓には備わっている．心臓は自身を栄養する冠状動脈へ酸素化した血液または生理的緩衝液を供給すれば，体外においても生きて機能する状態を保っておけるため，出入りする血管系を人工物に置換し自由に調節しながら出力の変化を記録する実験が行われてきた．

この結果，心臓は興奮し収縮する前に充満される血液の量が多ければ，より強く収縮し拍出することが明らかにされている．ここで出力について血圧もしくは血流量とせず，強く拍出と記述したのには次のような理由による．心臓は1回の拍動で充満した血液の一部を駆出し，この血液は弾性をもつ血管を拡張し内圧（血圧）を上昇させる．もし血管が固ければ少量の血液が流入しても血圧は高くなり，逆に柔軟な血管には大量の血液が流入しても血圧はあまり上昇しない．このように，血圧や血流量は心臓と血管の相互作用で決まるものであり，単に血圧だけを測定しても心臓の状態は正しく評価されない．また前述したとおり，心臓の充満度を決める上流側の圧（血管の状態）も出力に影響してくるため，心臓そのものの状態（性能）を評価することは意外に困難なことであることがわかる．

このような条件のもとで，心臓の機能を評価する指標として提唱され有用性を認められているものが，収縮末期圧－容積関係（end systolic pressure volume relation：ESPVR）である．これは菅・佐川によって提唱された指標であり，心臓（心室）を興奮の度合いによって固さの変化する袋であると考える時変エラス

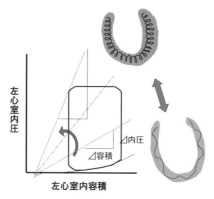

図 2.13　時変エラスタンス

タンスという実験事実に基づいた考えを基礎としている（図 2.13）．エラスタンスは単位体積の増加に対する血圧の上昇（$\varDelta$圧/$\varDelta$体積）として定義されている．興奮前の心臓は柔らかい袋であり，ここに上流に位置する心房から血液が流入する．ここから筋肉が興奮・収縮を開始し，内圧が上昇し血管の圧を超えると血液の駆出が始まる．やがて筋肉の興奮の終息によって内圧が下降し，血管の圧を下回ると弁が閉鎖しさらに内圧が下降する．最も心室が固くなった時点（収縮末期）のエラスタンスをもって心臓の前後につながる血管の状態に関係なく心臓の性能（収縮性）を定義することができるという利点をもっており，体内での循環の動態を理解するのにも役立っている．

2.2.3　心筋細胞の形態と機能

収縮と弛緩を繰り返す心臓の壁を拡大してみると，規則正しい線維の配列が観察され，さらに拡大するとこの線維は矩形をした細胞が縦に連結して構成されていることがわかる（図 2.14）．この縦の連結部分は介在板と呼ばれ，イオンチャンネルが存在し興奮を伝達している．一方このような結合はタンパク分解酵素によって破壊することができ，心筋細胞を単離することが可能である．心室から採取される心筋細胞の数は実験にしばしば用いられるラットでは数千万個に及び 1 個の細胞の長さは 100 ミクロン前後である．興味深いことに，このようにして得た 1 個の細胞は生理的緩衝液の中で電気刺激に反応して収縮し，収縮弛緩機能の単位は心筋細胞であることが実感される．このような実験は広く行われており，細胞は 10% 前後短縮することが知られている（図 2.15）．

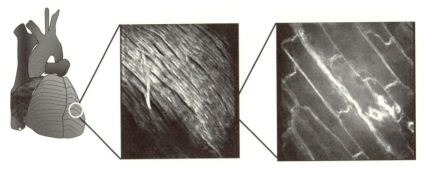

図 2.14 心筋細胞の配列

100μm = 10^{-4}M

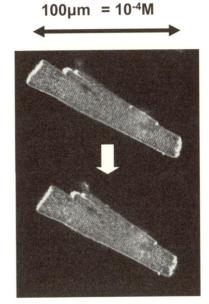

図 2.15 心筋細胞の収縮

しかしこの場合細胞は拘束なしに自由に収縮しており，力を発生していない．元のように心臓の壁の中で機能している場合に対応させてみると，血管につながれず空気中に血液を駆出している（血圧 0）といった非生理的な条件での収縮を観察していることに相当する．心臓の機能を理解するためには，細胞の収縮を拘束し負荷に対して収縮し力を発生する様子を観察する必要がある．多くの研究者がこの課題に取り組み，様々な実験方法を開発してきた．マイクロニードルによって穿刺する方法，接着剤を使用する方法，吸引によって細胞を固定する方法な

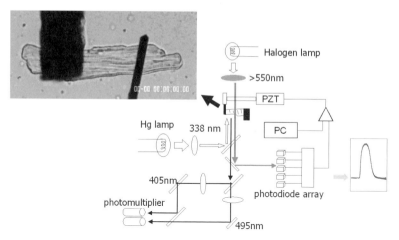

図 2.16 単一心筋細胞張力 - 長さ測定システム[14]

どがあるが，どれも問題があり広くは行われていない．我々はカーボンファイバーを用いる方法を改良し，細胞接着性を高めるとともにピエゾ素子によるファイバーの動きのコントロールを取り入れた新しいシステムを開発し，1個の心筋細胞の発生する力を幅広い条件下で記録することに成功している（図 2.16）[14]．すなわち細胞が収縮する際に短縮を阻止するようにファイバーを引っ張ったり，短縮とともに動かして負荷を0にしたり，これらの動作を組み合わせたりしながら長さの変化と発生する力を同時に記録することができる．これによって1個の心筋細胞が $5\mu N$ を超える力を発生しうることを報告しているが，これはこれまでに報告された最高レベルの力であり，この系がきわめて生理的な条件下での細胞の機能を評価できるシステムであることを示している．

こうした細胞の収縮を支えるメカニズムについて解説する．細胞を取り囲む体液の成分比はよくいわれるように海水に似ており，高濃度の Na と低濃度の K などからなっている．これに対し細胞内液は低濃度の Na と高濃度の K を含んでおり，ATP のエネルギーを利用して形成されているこの濃度差のために，細胞内の電位は細胞外に比べ 90 mV ほど低くなっている．細胞が浮遊している緩衝液に電場をかけるとこの電位が小さくなり，それに伴って各種のイオンチャンネルが開口し Na や Ca といった陽イオンが細胞内に流入することによって，電位は0からわずかにプラスになる．この現象を脱分極と呼び，細胞の興奮に相当する．まもなく K チャンネルが開口し K が細胞外に流出することで，電位は再び元のレベル

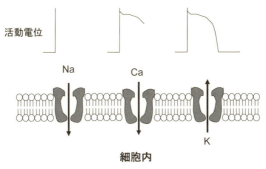

図 2.17 イオンチャンネルの活動と膜電位の関係

に戻り，興奮は終息する（図 2.17）．先に述べたように，この興奮が介在板にあるギャップジャンクションと呼ばれるチャンネルを介して次々に隣接する細胞に伝播していくことで，心臓全体が興奮するのである．

我々の実験系では，電位感受性蛍光色素で細胞膜を染色し，蛍光顕微鏡と組み合わせることで細胞の伸展によってもたらされる膜電位の変化を記録することも可能である．この興奮の間に細胞外から流入した Ca は，細胞内にある筋小胞体と呼ばれる Ca を貯蔵した小器官からの Ca 放出を引き起こし，一過性に細胞内 Ca 濃度の上昇をもたらす．上昇した Ca 濃度が再び低くなるのは，筋小胞体に存在する Ca ポンプが ATP のエネルギーを利用して小胞体内部に Ca を取り込むからである．この Ca 上昇は収縮を制御するシグナルとなっている．Ca 濃度も指示薬を細胞に取り込ませることで測定可能であり，力発生との時間関係，収縮の様式が Ca 濃度の変化に与える影響などについて報告している．

2.2.4 細胞の内部構造を探る

このような細胞の機能を支える内部の構造はどのようなものであろうか．図 2.18 に原子間力顕微鏡で観察した心筋細胞の表面を示す．およそ 2 μm おきに溝のような窪みがあり，その中に等間隔で開口部のようなものが認められる．我々は同一の細胞において細胞膜を染色し，共焦点顕微鏡で立体像を構成した．原子間力顕微鏡のカンチレバー先端の共焦点像を基準に 2 つの画像を重ね合わせたところ，これらの開口部は細胞内部の T 管と呼ばれる膜構造と連続していることが確認された．T 管は細胞表面の細胞膜が内部に陥入したもので，細胞全体に広がっている．この構造のために，細胞の中心に位置する細胞内小器官も細胞外の環

図 2.18　心筋細胞の T 管系

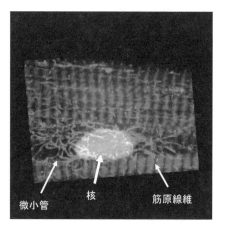

微小管　核　筋原線維

図 2.19　心筋細胞の構造

境と近接し信号を感知することができる．T 管の間を細胞の長軸に沿って全長を貫くように存在するのが筋原線維であり，この発生する力によって細胞が力を発生し短縮する．他の重要な小器官としてエネルギー源としての ATP を産生するミトコンドリア，細胞内の Ca 濃度を調節する筋小胞体などがあり，それらを支え，さらに信号を伝達する役割も果たしていると考えられている細胞骨格がある．図 2.19 にこれらのいくつかを染色した共焦点顕微鏡像を示す．

　細胞を処理することによって筋原線維を分離し取り出すことができ，またこれに ATP を加えることによって収縮を誘発することも可能である．つまり収縮機

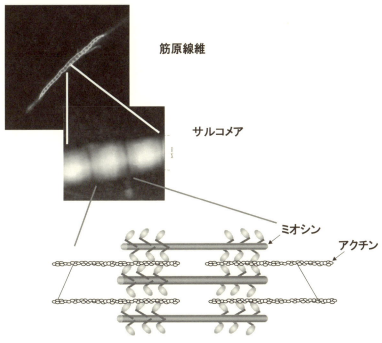

図 2.20 筋収縮のメカニズム

能の単位にさらに近づいたことになる．この筋原線維の構造を原子間力顕微鏡によって観察すると，規則的な縞模様が観察される（図 2.20）．この繰り返しの単位をサルコメア（筋節）と呼ぶ．電子顕微鏡による観察によれば，サルコメアの構造は主に 2 種類のタンパクからなるフィラメントが入れ子になった状態で形成されている．一方は太くミオシンと呼ばれるタンパクからなり，他方は細くその骨格はアクチンと呼ばれるタンパクから形成される二重らせんにより形成されている．この 2 種類のフィラメントが相互作用の結果互いに滑り合うことによって，サルコメアの長さが短縮することが筋肉の収縮の本態であると考えられている．

2.2.5 分子レベルでの収縮機能（ミクロ）

電子顕微鏡などによる形態観察からは筋の収縮の間にサルコメアを形成する 2 種類のフィラメントが互いに滑り合うことは明らかのように思われるが，本当にタンパク分子は運動を支え力を発生することができるのであろうか．1980 年代から in vitro 運動再構成系と称される実験系が開発され，実際にタンパク分子の運

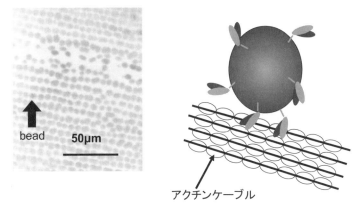

図 2.21 車軸藻を用いた in vitro 実験系

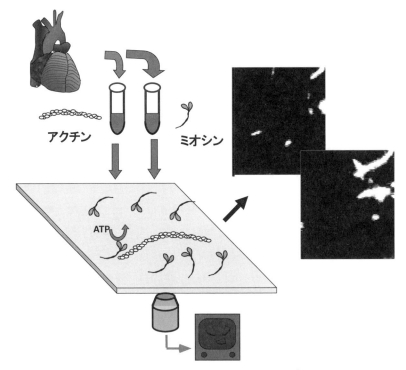

図 2.22 蛍光アクチンを用いた in vitro 実験系

動やそれらの相互作用によって発生する力を測定することが可能となり，こうした疑問に対する答えが明らかになった．最初に報告された in vitro 実験系は植物

のアクチンフィラメントを利用している．車軸藻と呼ばれる水草は長さ数センチにも及ぶ節間細胞が連なって形成されているが，それぞれの細胞の内面には長軸方向に規則正しく並んだアクチンケーブルが存在しており，その走行に沿って活発な原形質流動が行われている（図 2.21）．この流動は細胞内の小胞表面に存在する植物のミオシンとアクチンの相互作用によって駆動されているのではないかと推測されていたが，Shimmen ら[15] と Sheetz ら[16] はマイクロビーズの表面に骨格筋ミオシンをコートし ATP の入った緩衝液とともに細胞内に導入することによって，ビーズの一方向性かつ一定速度の運動を再現した．我々も心筋ミオシンを用いて同様の実験を行い，ビーズの滑り速度がミオシンの ATP 分解速度と相関することを報告している（図 2.22）[17]．

しかしこのような実験系では，当然にアクチンが植物由来であるとの問題点が指摘される．そこでまもなく同一種の動物から抽出しフィラメント化したアクチンを蛍光色素でラベルし，カバーグラス上に固定したミオシンの上に ATP とともに導入しその運動を観察する実験系が開発された[18]．この系においても心筋ミオシンの滑り速度と生化学的性質の関係は同様であった[19]．さらにこの系を発展させタンパクどうしが出す力の測定も可能となっている．このためには光ピンセットと呼ばれる装置を使用する．これは顕微鏡の対物レンズにレーザー光を入射すると，その焦点に小粒子を捕捉できるという原理を利用している．ミオシンの上を滑っているアクチンフィラメントの尾端に小粒子を付着させそれを光ピンセ

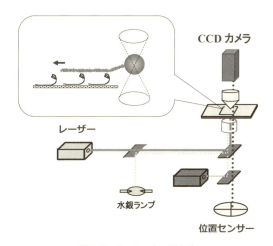

図 2.23　*in vitro* 力・測定系

ットで捕捉すれば，アクチン・ミオシン間で発生する力と綱引きをするような状況になり，力を測定することができる（図2.23）．カバーグラス上に固定するミオシンの濃度を非常に低くすれば，1本のアクチンフィラメントと1個ないし数個のミオシン分子のみが相互作用するような条件を作り出すことも可能であり，そのような条件下で心筋ミオシン1個が発生する力を測定したところ1～2pNであった[20]．数 pN の力を出す分子機械がサルコメアという集合を作り，数μN の力を発生する．さらに細胞が心臓を作り，左心室が血液を駆出する際には100～150 mmHg（≒ 15～20 kPa）の圧力を産み出している．

2.2.6　Top down と Bottom up

　心臓の収縮機能，とくに力の発生についてマクロからミクロまでを概説したが，近年の生物学のアプローチは基本的にこのような要素還元主義といってもよいものが主流をなしている．とくに分子生物学の進歩はこの過程を加速し，個体の表現型（phenotype）と遺伝子型（genotype）の関係を中間の過程を経ずに明らかにすることも可能にしている．いわば究極の top down ともいえるが，こうした方法で失われた情報も多いはずであり，すべてが解決するものでもない．1つの例として家族性肥大型心筋症という疾患の問題を考える．この疾患に冒された患者は明らかな原因がないにもかかわらず著明な左心室壁の肥大を呈し，不整脈による突然死，心不全などのために若年のうちに寿命を終えることが多い．長い間原因は不明であったが，1990年になってこの疾患が頻発する大家系の遺伝子解析から，表現型（疾患の発生）と遺伝子異常の統計的な相関を検討する連鎖解析という手法で心筋のミオシンの点突然変異（1アミノ酸の置換）が原因として特定された．

　まさに生体のスケールからすれば，top と bottom の関係が間のレベルをバイパスして突然明らかになったわけである．しかし明らかになったのは相関であり，ミオシンの異常がどのようなメカニズムで心臓の肥大を引き起こしさらに突然死につながるかについての答えは提示されなかった．後にこの遺伝子異常をもつ transgenic mouse の心臓が特有の形態を呈することも示されたが，これも確認でありメカニズムの解明を飛躍的に進めるものではなかった．一方で，遺伝子異常から臓器に向かってレベルを逆行し解明していくという試みも当然行われた（bottom up approach）．我々も肥大型心筋症に関連した遺伝子異常が報告されて

いる変異ミオシンを人工的に作製し，その機能を前述したような実験系で測定した．この結果，患者の予後が悪いとされているタイプの変異ミオシンは分子レベルでの機能（力発生，滑り速度）が低下しているとの結果を得ている[21]．

ここから力の不足を補うために肥大しているとの推測も成り立つが，その後ミオシン以外の変異も報告され場合によっては機能の亢進も報告されたため，このような単純な病態形成のメカニズムは当てはまらないと思われる．この実験によって遺伝子（タンパクの構造）からタンパクの機能へという bottom up の 1 ステップ上昇が行われた．しかしヒトの病気に至る道ははるかに遠いというのが実感である．しかし一方で，こうした実験的アプローチでさらに細胞，組織，臓器へとレベルを上げ，問題の解明に向かうことは爆発的に増加する要素の数とそれらの間の相互作用，フィードバックを考えるとほとんど不可能に思われる．

近年爆発的に増加する生物学の知見を合理的に系統立て新しい発見に役立てるという目的で，バイオインフォマティクス研究が盛んになり，その中でシミュレーションを取り入れたシステムバイオロジーも行われるようになっている．このような手法を心臓研究にも応用していくべきと思われるが，心臓においてはマクロのレベルすなわち臨床の場では診断のために心臓の動き，血圧，血流，電気現象といった様々な物理現象（マルチフィジックス）の計測結果が利用されている．

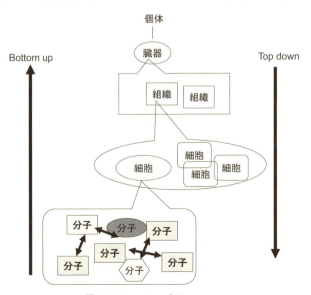

図 2.24　Top down と Bottom up

現在行われているような生体シミュレーションを超えて，ミクロの現象を基礎としながらマクロの様々な物理現象を再現し説明するマルチスケール，マルチフィジックスのシミュレーションが心臓研究における bottom up には必須の道具となってくるであろう．

もちろんシミュレーションには検証が必要であり，さらに現時点ですべての要素の特性が記述されているわけではない．今後ともシミュレーションと実験の相互フィードバック，異なるスケール間でのフィードバック（top down と bottom up の繰り返し）をしながら問題を解決していくことが望まれる（図 2.24）．

2.3 医学における新しい計算科学の可能性

計算科学はコンピュータと計算手法を両輪として近年著しい発展を遂げている．前者については，世界的にスカラー型計算機が主流を占めるようになり，60万コアを超える京コンピュータに見られるような超並列化が進んでいる．性能も 10 Peta FLOPS の大台に乗り，エクサ級の計算機の構想が視野に入ってきている．後者については，原子，分子レベルのミクロ場のシミュレーションから流体や構造のマクロ場のシミュレーションに至る各階層，各物理の計算手法の研究が進んでいる．各階層，各物理の計算手法はそれぞれの専門書にくわしく，ここでは割愛するが，今後重要となるのは明らかにマルチスケール・マルチフィジックスシミュレーションであると考えられる．その理由は，多くの現実のマクロ現象がミクロ事象により支配されているからであり，また単一の物理で構成されることはむしろ稀であるとさえいえるからである．とくに生体を対象とした場合，ミクロとマクロの相互作用を適切に取り込むことが必要不可欠であり，しかも後に示すように生化学反応を原点とするものの，それは巨視的な電気化学的，力学的現象へと発展するからである．では，そのような高度な問題は本当に計算機上で取り扱うことができるのか，いったいどのような数理と技術に基づき可能となるのか．以下ではマルチスケール現象とマルチフィジックス現象に対するアプローチの具体例を通じて，その概念を説明したい．

2.3.1 マルチスケールシミュレーション

マルチスケールシミュレーションに用いられる代表的手法に「均質化法（ho-

2.3 医学における新しい計算科学の可能性

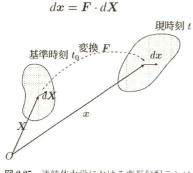

図 2.25 連続体力学における変形勾配テンソルの定義

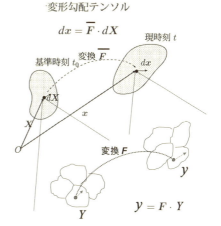

図 2.26 マルチスケール解析の概念と変形勾配テンソルの新たな定義

mogenization method)」があげられる．これは固体力学と流体力学の基盤となる連続体力学（continuum mechanics）をもとに以下のように説明される．図2.25は物質の一種のひずみを表す変形勾配テンソルと呼ばれる尺度 F の定義を示す．すなわち，変形前の物体につけた微小な「傷」を表すベクトル dX が変形後に dx になったとして，ベクトル dX をベクトル dx に線形変換するのが変形勾配テンソル F であると定義される．図2.26は，このような通常の連続体力学における概念を拡張したものである．すなわち，位置ベクトル X において物質をズームアップして見ると，巨視的には一点として扱われていたものが実は微小構造体から構成されており，その微小構造体において上記の dX，dx と同様に変形前後のベクトル Y と y が $y = F \cdot Y$ の関係にあると考える．なお Y，y はすでにマクロ座標系とは異なる微小なミクロ座標系でのベクトルであるから微分を表す d は付けない．均質化法ではこのようにマクロの座標系でマクロ構造を定義し，ミクロの座標系でミクロ構造を定義することを特徴とする．

そして以上のようにミクロスケールで変形勾配テンソルを定義したことから，マクロスケールではその平均値としての巨視的な変形勾配が次式のように定義される．

$$\bar{F} = \frac{1}{V}\int_{Y_0} F dy$$

V はミクロ構造の体積である．したがってもはや Y を上式の $\bar{F}$ で変換しても y とはならないため，その差分を w として

$$y = \bar{F}Y + w$$

と置くことができる．w は巨視的な変形勾配から得られる平均的変形からのずれであると解釈される．上式を Y で偏微分すれば左辺は F となり，その体積平均をとれば $\bar{F}$ となることから，次式を誘導することができる．ここではベクトル解析で知られる「発散定理」と呼ばれる定理を用いている．

$$\int_{Y_0} \frac{\partial w}{\partial Y} dY = \int_{\partial Y_0} N \otimes w \, dS = 0$$

ここで N は微視構造境界面に立てた外向き単位法線ベクトルである．上式は w に周期性があれば満たされることを意味している．すると図 2.27 左に示すような微小構造がたくさん連なった構造体が周期的な変形をしている状況を想定することができる．つまり均質化法ではミクロ構造の周期性を前提としている．

このような構造体は実は生体ではよく見られる．たとえば図 2.28 に実際の心筋細胞と細胞外マトリックス，および心筋組織片の顕微鏡写真を示す．心筋組織も局所的には図 2.27 と類似の構造になっていることがわかる．なおこの場合，1つの微小構造が1つの心筋細胞に対応するのではなく，形の異なる複数の細胞が組み合わされた集合体を1つの微小構造と見れば，現実の不規則性をよく反映させることができることに注意いただきたい．

均質化法では微視構造の周期性に加えてもう1つ，マルチスケール構造における力のつり合いは巨視構造で成立するとの仮定を設ける（図 2.29）．実際，外力

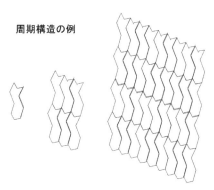

図 2.27　1つの微小構造とそれが連なった構造体

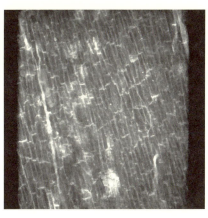

心筋細胞　　細胞外
　　　　コラーゲン線維

図 2.28 心筋細胞（左），細胞外マトリックス（中）および心筋組織片顕微鏡写真（右）

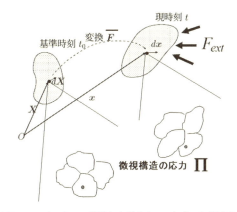

図 2.29 マルチスケール構造における力のつり合いに関する仮定

は微視構造が均質化された巨視的構造に対して加わるものであるから，この仮定は自然である．仮想仕事の式で表すと，

$$\int_\Omega \frac{1}{|V|} \int_{Y_0} \delta F : \Pi dY dX = F_{\text{ext}}(\delta u)$$

ここで Π は第 1 Piola-Kirchhoff 応力テンソル，F_{ext} は外力仮想仕事である．

上式は非線形方程式であるため線形化し，Newton-Raphson 法で反復法により解く必要がある．その過程を示したものが図 2.30 である．ここで $\tilde{Z}$ は微視的変位勾配テンソル，A は 4 階の接線型構成側テンソルである．またマトリックス方程式の左辺における u は巨視構造の変位ベクトル，右辺は残差ベクトルを表す．

結局，前記の w に関する周期性を加えてこのマトリックス方程式を右辺の残差が十分小さくなるまで反復的に解けばよいことになる．

ここでマクロとミクロの自由度の規模について考えてみると，ミクロモデルはマクロモデルの各点，正確にはマクロモデルを構成する各有限要素ごとに存在することから，ミクロモデルの合計自由度はマクロモデルに比べ圧倒的に大きいことがわかる．たとえば後の節に示す心臓のマルチスケールモデルでは，ミクロモデルの総自由度は数百億であり，マクロモデルの自由度は数百万である．したがって，マルチスケールシミュレーションではこの数百億のサイズとなる巨大なマトリックス方程式をどう解くことができるかという問題に帰着する．以下にマルチスケール問題から生じる方程式の特徴をいかした並列解法について説明する．

図 2.30 のマトリックス方程式の係数行列には実は特徴がある．図 2.31 はそれを示すものであり，図 2.30 の係数行列の $(1,1)$ ブロック A_{ww} は対角成分のみにブロック型の成分が存在する．その意味は，ミクロモデルどうしは直接には連成せず，マクロモデルを介してのみ相互に影響を及ぼしあう，ということに他ならない．したがって図 2.31 に示されるように，このマトリックス方程式をブロック分解し，まず Step 1 でミクロの Δw について非対角成分を無視して仮に解き，次にその際生じる Schur Complement を活用して，Step 2 でマクロの Δu について解く．最後に Step 3 で Δw を補正し厳密解とする．このような方法をとることで，

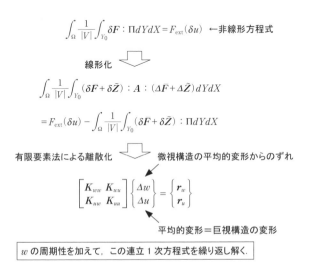

図 2.30 平衡方程式の線形化と有限要素離散化後に得られるマトリックス方程式

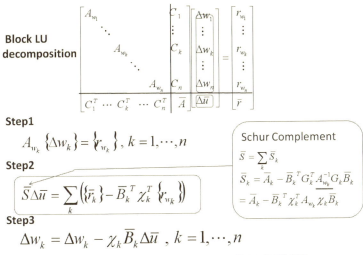

Step1
$$A_{w_k}\{\Delta w_k\} = \{r_{w_k}\}, \ k=1,\cdots,n$$

Step2
$$\bar{S}\Delta\bar{u} = \sum_k \left(\{\bar{r}_k\} - \bar{B}_k^T \chi_k^T \{r_{w_k}\}\right)$$

Schur Complement
$$\bar{S} = \sum_k \bar{S}_k$$
$$\bar{S}_k = \bar{A}_k - \bar{B}_k^T G_k^T A_{w_k}^{-1} G_k \bar{B}_k$$
$$= \bar{A}_k - \bar{B}_k^T \chi_k^T A_{w_k} \chi_k \bar{B}_k$$

Step3
$$\Delta w_k = \Delta w_k - \chi_k \bar{B}_k \Delta \bar{u}, \ k=1,\cdots,n$$

図 2.31 マルチスケール方程式の特徴的な構造と並列化解法

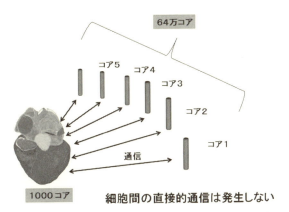

図 2.32 超並列計算機を用いたマルチスケール問題の分散処理の概念

Step1 ではミクロの方程式を各微小構造ごとに独立に解くことができ，超並列計算が可能となる．たとえばスーパーコンピュータ京では約 66 万のコアがあるので，各ミクロモデルを図 2.32 の概念図に示すように割り当て，相互通信なしに分散処理することができる．マトリックス方程式の中で圧倒的な自由度を占めるミクロモデルの主要な解法がこのように可能となる．なおマクロモデルの計算にはたかだか 1,000 コア程度を割り当てれば十分である．本手法を用いたマルチスケール心臓シミュレーションの計算例は後の 2.4 節で示す．

2.4 UT-Heart（新領域創成科学研究科による心臓シミュレーション）

本節では，東京大学新領域創成科学研究科で開発された心臓シミュレータUT-Heartを用いた臨床医学研究ならびに基礎医学研究について紹介し，計算科学が現実の世界にどのように応用可能かを示す．

2.4.1 臨床医学研究への応用

心臓再同期療法（cardiac resynchronization therapy：以下CRTと呼ぶ）とは，心室内伝導障害を伴う慢性心不全に対する両心室ペーシングのことであり，QRS幅と呼ばれる心室の電気的興奮伝播時間が長くなり心機能低下を有する症例に用いられ，薬物療法以上に予後改善効果があるとされている．

ここでは後ろ向きの臨床研究の一例として，東京大学附属病院においてCRT適応となった症例の解析[1]について紹介する．図2.33Aに示すある患者の心臓有限要素モデルの梗塞領域をT1シンチグラム（SPECT）画像に従って図2.33Bのように定めた（電気的活動を行えないため心筋領域の穴として除外）．また心臓の刺

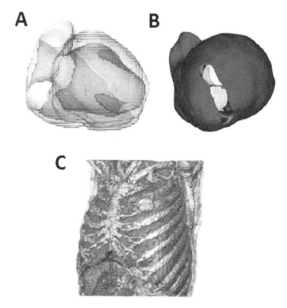

図2.33　テーラーメード心臓シミュレーションモデル

2.4 UT-Heart（新領域創成科学研究科による心臓シミュレーション）

激伝導系であるプルキンエ（Purkinje）線維のネットワークを模擬して内膜側に高い導電率を与えたうえ，通常は左右両心室に合計7カ所の興奮発生部位を定め，興奮伝播解析を行うが，本症例では完全左脚ブロック（CLBBB）の所見があるため，左心室内膜側における3カ所の興奮発生部位を除去した．ヒトの細胞モデルとして，UT-Heart では電気生理学の分野で広く用いられている Ten Tusscher ら[2]の数理モデルを用いているが，細胞の活動電位は心室の内，中，外層の3層において異なる持続時間を示すことが知られており，通常はこの空間的分布を定め，異なるパラメータを使用している[3]．しかし病態にある心筋領域ではこのような非均質性が損なわれることが近年報告されているため[4]，Winslow らの研究[5]に従って修正（I_{K1} 電流↓，I_{to} 電流↓，SR Ca^{2+} − ATPase 活性↓，Na^{2+} − Ca^{2+} 交換系↑）された1種類の細胞を用いた．心臓における細胞の並び方，すなわち線維方向は標準的な分布を用いている．

本シミュレーションにおいては，心臓領域では1辺の長さが 0.4 mm，トルソ領域ではその4倍の 1.6 mm の長さのボクセル型有限要素をメッシュ境界面での保存則を満足するように組み合わせて用いている．連立1次方程式を解く反復解法は GMRES 法に基づくマルチグリッド法を使用している[6]．心臓領域のボクセル要素節点に埋め込まれた細胞モデルの数はおよそ 360 万である．細胞モデルの接続は細胞内外の電位を未知変数とする「バイドメインモデル」を用いている．総自由度は約3億．計算機は SGI Rackable C2108-TY10（Intel Xeon X5690（3.46 GHz）13 node 127 core）を用いた場合，1心周期分を計算するのに約6時間を要する．

図 2.34A, B に代表的な3つの時相における膜電位の分布と体表面電位を示す．同図 C には実測の 12 誘導心電図（左）と対応するトルソ表面電位差から得られた心電図（右）を示す．もちろんこのように一致させるための調整は必要であるが，筆者らのチームでは興奮伝播様式や電流ベクトルなどの物理量を可視化する GUI と理論的分析から心電図を合理的に合わせ込む技術をすでに開発している．臨床医学では心電図波形の解釈はもっぱら古典的理論に基づく経験則からなされてきたが，本シミュレータを用いれば，波形の異常と心臓の興奮伝播異常の詳細を直接対応づけることができるため合理的な診断が可能になる．

この患者はその後病状の進行に伴い CRT 植込みを行った．また改めて CT 撮影，心電図計測を行った．図 2.35A 上段の心臓モデルに見られる棒と点は CT 画

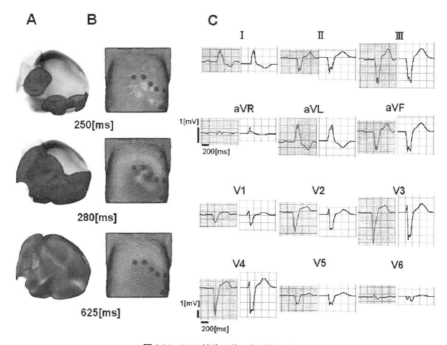

図 2.34　CRT 植込み前の心電図の再現

像からその位置を定めた両心室ペーシングのための電極である．本症例では両心室を同時に刺激するよう装置が調整されている．しかし，このペーシング条件下で再び興奮伝播のシミュレーションを行ったところ心電図は一致せず，むしろ右心室の刺激を70 ms 早めた場合に心電図が一致することがわかった．分析の結果，左心室冠状静脈に留置された電極（モデル図上で点で表される方の電極）からの刺激後，心筋が興奮するまでに遅延が発生していると考えられたため，実際にこの患者にそれぞれ一方の電極のみからの刺激を行ったところ，左心室刺激では刺激によるスパイクと QRS 波の間に顕著な遅れのあることが観察された（同図 C 最下欄の胸部誘導 V4 参照）．以上の CRT 植込み後のシミュレーションにおいては，電極刺激に関わる条件以外は CRT 植込み前のモデルのものとまったく変えておらず，それでも心電図が一致したことは本心臓モデルおよびそれに基づく治療予測の妥当性を示すものと考えられる．たとえばこの心臓に3点刺激を行うとするなら，電極をどの位置に設置しどのようなタイミングで刺激すれば最大の拍出量が得られるかなど，拍動シミュレーションと組み合わせた仮想治療に基づく

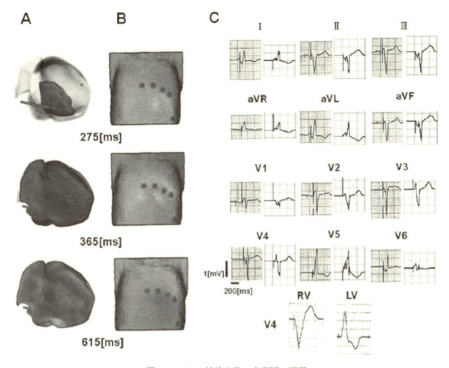

図 2.35 CRT 植込み後の心電図の再現

最適医療が可能となる．また実際にその検討も行われている．

以上のような臨床研究を内科・外科領域にわたり加速し実用化するために，東京大学附属病院の医療情報システムと心臓シミュレータをオンラインで接続し，シミュレーション結果をもとに担当医が数ある治療オプションの中から最適なものを選択することのできるマルチモダリティシステムが試験運用を開始している（図 2.36）．今後 UT-Heart を用いた診断と治療の有効性を統計的にも実証していく．もちろんシミュレーションだけですべてが決まるわけではないが，計算科学が新たな医療の道を開き，実際に貢献できる時代に入ったことは明らかである．

2.4.2 基礎医学研究への応用

ATP は，1 つの心筋細胞内に 50, 60 本存在する筋原線維を構成するたくさんのアクチンフィラメントとミオシンフィラメントの間の相対的滑り運動のためのエネルギーとして消費される．フィラメントの相対滑りはミオシンフィラメント

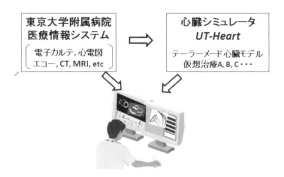

図 2.36　最適医療のためのマルチモダリティシステム

図 2.37　京によるサルコメア動力学からの心拍動マルチスケールシミュレーション

から延びるミオシン分子のヘッドがアクチンフィラメントに結合して牽引力を与えることにより生じるが，その具体的な機構に関する仮説は多様性に富み未だ議論に終止符は打たれていない．図2.37右はミオシンヘッドの首振り説を示す．一方，心肥大は弁膜症や高血圧など心臓が高い血圧を発生しなければならない状況に適応するために壁厚（心筋の断面積）を増やす現象と理解されているが，肥大型心筋症と呼ばれる疾患では血圧は正常で肥大する理由がないのに壁が厚くなる．初期の検討ではミオシン分子が点突然変異（代表的なものとしてアクチン分子との結合部位に当たる403番目のアミノ酸の変異がある）し心機能が落ちるので，これを代償するために肥大すると理解されたが，その後の研究では変異ミオシンはむしろ機能が亢進していることが報告された[7]．では機能の亢進したミオシンが混ざると心臓に何が起きるのだろうか．

　筆者らは2.3節で示したように心臓のマルチスケール解析技術を開発してきたが[8]，現在は"京"を用いて本格的にこの問題に取り組んでいる．すなわち，従来は計算機パワーの限界からアクチン分子とミオシン分子の確率的結合状態は平均的な1分子を考え，これを状態遷移を表す方程式に適用して解かざるを得なか

2.4 UT-Heart（新領域創成科学研究科による心臓シミュレーション）

ったが[9]，超並列計算機の特徴をいかせば図 2.37 に示すように，分子内の弾性要素をばねでモデル化した1つひとつのミオシンヘッドの確率的運動を具体的にシミュレートするところから，細胞の収縮を経て，組織，臓器の運動までをシームレスに解くことができるようになった．ミオシンヘッドの運動には，たとえば1つのミオシンヘッドがアクチンフィラメントと結合すると近隣のミオシンヘッドも結合しやすくなる"協調性（cooperativity）"と呼ばれる特徴が知られるが，本計算モデルではこのような特徴もありのままに導入することができ，また前記の機能の亢進したミオシンが混じった場合についての心拍動の様子も調べることが可能となる．具体的手順は次のようになる．(1) ミクロスケールにおけるミオシン分子の協調性を伴う確率的な振舞いを直接モンテカルロ法でシミュレートする．(2) 細胞間隙などを含む細胞のメゾスケール構造体モデル内の筋肉線維部に上記モンテカルロモデルを埋め込み，スケール間の力学的相互作用を物理的に正しく取り扱う．(3) 上記2次構造体モデルとマクロスケール臓器モデルの運動を

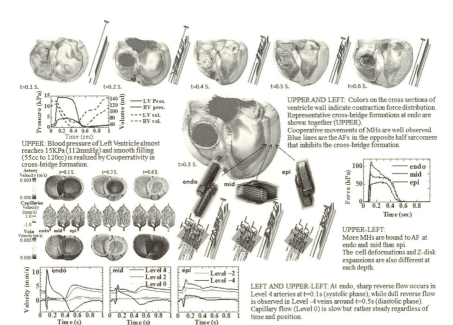

図 2.38　マルチスケール・マルチフィジックス心臓シミュレーション結果の一例
（上段：心室の拍動・血液の拍出とクロスブリッジの状態，中段左および下段：心室の圧・容積関係と冠循環流速，中段中央：心筋の各層での細胞・クロスブリッジ・Z帯構造の様子，中段右：心筋の各層の収縮力）

均質化法により結びつける．

　以上のような解析法の実現により，分子レベルでの状態変化の法則および細胞組織レベルでの各構造体が心臓の拍動性能やエネルギー効率にどのような影響を与えているのか，逆にマクロ的な筋肉の収縮弛緩がフィードバックされて分子レベルでの状態変化にどのような影響を及ぼしているのか，などをシミュレーションを通じて分析することが可能となった．図2.38には冠循環まで組み込んだシミュレーション結果の一例を示す．このようなシミュレーションプラットフォームは今後，分子生物学者が自分の仮説を新たな観点から検証する手段にもなると考えられる．

2.5 医療の革新から新産業の創出へ

　心臓シミュレータは，これまで述べてきた様々な問題にこれまでとはまったく異なる視点からの解決策を提示する．

2.5.1 基礎医学と臨床医学を直結する

　分子生物学的アプローチによって生体の要素に関する知識は爆発的に増加し，これらをもとにより高次の機能を理解しようという研究の流れが現れている．すなわちゲノムからタンパク，タンパクからその集合が形成する代謝経路の動きを理解し，さらに細胞，組織，臓器そして個体の機能の正常と異常を解明しようという方向性である．このためには大量の情報を処理する必要があり，バイオインフォマティクスと並んでシステムバイオロジーのようなシミュレーションを取り入れた研究も活用されているが，現状では多くがある特定の代謝経路ないし細胞のある機能に限定されたモデルに留まっている．生体内で1分子の挙動を観察する技術など実験系からのアプローチも今後飛躍的に進歩していくものと思われるが，生体の現象に関わる要素の数とその間の相互作用の複雑さを考えるとこうしたアプローチには限界があり，シミュレーションの果たす役割はますます大きくなることが予想される．

　しかし今述べたとおり，現在の生体シミュレーションは生体のある一部の構造に付随したある一部の機能を対象としているのみで，とくに循環器疾患の臨床の場で使用される評価項目と分子レベルの知見との関係を示すまでには至っていな

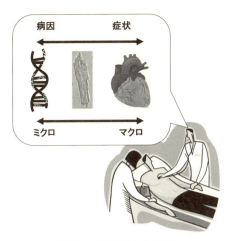

図 2.39 基礎医学と臨床医学

い．我々の開発している心臓シミュレータは，分子の機能と臨床で問題とされる心臓の壁の動き，心腔内の血流，血圧，心筋細胞の興奮と組織内の伝播などの変化との関係を明らかにすることに成功している．この意味で，マルチスケール・マルチフィジックスシミュレーションと呼ぶことができる．今後さらに改良を進め多忙な臨床医が次々に発見される基礎医学の知見と目前の患者に起こっている問題との関係を遅れなく理解し応用することによって，解決に役立てるツールとなることを目指している（図 2.39）．もちろんシミュレーションの検証も完了しているわけではなく，いろいろな疾患モデルにおいて実験，臨床知見との対比によって進めていかなくてはならない．

いうまでもなくシミュレーションと実験，臨床は両方ともこれからの科学において必須のものであるうえに相互がフィードバックすることが新しい発見につながり，我々の循環器疾患に対する理解をさらに深めていくものと確信する．

2.5.2 意思決定の支援

疾患は個人の生命もしくは生活の質を犯すものであるが，その原因は分子・細胞レベルに存在する．診断とは個体としての患者からできるだけ負担（侵襲）のない方法で情報を集めそれに基づいて肉眼では見えない原因を特定することであり，生体の各階層の構造と機能の知識をもとに推論を進めるのが基本であろう．しかし多忙な現場ですべての場合においてこのような思考を行うことは不可能で

あり，臨床症状（検査データ）と原因の相関関係に関する知識と経験に基づいて診断が行われている．様々な画像診断装置の進歩は肉眼を超えた体内の微細構造までに迫る情報を提供しようとしており，こうした推論を強力に支援するものであるが，機能については未だ検討の余地が残されている．一例として，循環器の検査としては依然最も高頻度に行われていると思われる心電図検査について述べる．心電図検査には長い歴史があり，動物実験および臨床におけるデータの蓄積から診断基準が作成されており自動診断も発達している．しかし感度，特異性においては十分とはいえない検査であり，他の検査結果と合わせて評価に用いられることがしばしばあることも事実である．一方でこの検査が心臓の電気現象（細胞の興奮とその伝播）による体表面の電位分布を示していることから，心電図情報から心臓の電気現象を定量的に推定するという試みも長く続けられてきた（心電図逆問題）．

このような試みと細胞レベルにおける電気生理学の知識を組み合わせれば精密な診断が可能となるように思われるが，このような逆問題の解の一意性は保証されないことは明らかであり，現在では研究もあまり行われていない．一方で心臓シミュレータは精密な順問題（興奮収縮連関の分子機構に基づく心電図の再現）を行うことができ，さらに多数の疾患もモデルについて計算をデータベースとして集積すれば，その中の例との一致から心電図に基づくミクロの異常の同定が実現するものと期待される（図2.40）．他の診断モダリティについても同様のアプローチが可能である．

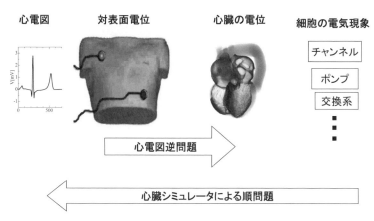

図2.40　心電図の順問題と逆問題

図 2.41 心臓超音波検査トレーナー

　診断に続いて治療が行われるが，治療は生体に対する介入であり受けるものに対して利益ばかりでなく望まれない結果をもたらす可能性ももっている．したがって治療法の選択は利益不利益を勘案し，かつ長期にわたる経過を考慮した予測に基づかなければならない．この点においてもシミュレーションの有用性が認められ研究も行われているが，信頼されるものとなるにはマルチスケールの高精度シミュレーションが必要となる．

　またあらゆる病態における各種の臨床パラメータが得られる心臓シミュレータの特徴を生かして，学生教育，医師，コメディカルスタッフの研修のためのシミュレータを開発することも可能である．すでに我々は心臓超音波検査用のシミュレータ（トレーナー）を試作し病院でのトライアルを始めている（図 2.41）．

2.5.3　テーラーメード医療

　前項において診断，治療方針の決定における高精度シミュレーションの可能性を述べたが，それをさらに進めていくには患者の個体差も考慮に入れたシミュレーションが必須であろう．このような考え方はテーラーメード医療につながる．テーラーメード医療の考え方はまったく新しいものではなく，医師はそれぞれの患者の体格，肝臓，腎臓の機能に応じて薬の投与量などを調節してきた．現在テーラーメード医療は個人の遺伝子情報と薬剤に対する感受性，副作用出現の頻度との関係などのデータに基づき，個々の患者に対し最小のリスクで最大の効果が期待できる治療方針を決定するという意味で主に用いられる．これまで経験によって定義されてきた体質というものを分子のレベルで厳密に定義し，それに基づ

いて方針を決定する医療ということができるであろう．

　このような研究はpharmacogenomicsと呼ばれ，具体的には薬剤の標的となるタンパクまたは代謝に関与するタンパク（酵素）の遺伝子の一塩基多型を治療方針の指標とすることが行われている．また一方で，疾患の発生機構の研究に基づいて分子標的を定め薬剤を開発するということもガンについてはすでに行われている．増殖因子受容体を標的として開発された抗ガン剤ゲフィチニブ（イレッサ®）がその例であり，受容体に変異を有する症例に対し高い効果をもつことが明らかになっている．しかし現状で実用化され成果が上がっているのは主にガンの領域である．ガンにおいては，問題は細胞レベルに集約されその増殖のみを扱えばよいということが主な理由と考えられるが，循環器においては事情が異なると思われる．その例として不整脈，とくに重篤で生命に関わるものとして心室頻拍，心室細動について考える．

　これらは心臓が同期して興奮収縮せず，不規則な興奮を繰り返す状態である．特定のイオンチャンネルの変異をもつ個人にこのような状態が起こりやすいことが知られ，変異によるイオンチャンネルの機能異常も報告されている．しかしイオンチャンネルに異常があれば必ず不整脈が起こるわけではなく，遺伝子の変異がなくとも心筋梗塞発症後に出現することもある．またイオンチャンネルの異常は細胞レベルでの活動電位の変化などにつながるが，それと不整脈との関係も必ずしも明らかではない．細胞レベルの変化に加え，そのような細胞がどのように結合し組織の中でどのような刺激を受けるかが，不整脈の発生には大きく影響する．つまり不整脈に対するテーラーメード医療を実施するためには，分子レベルの機能情報のみでなく組織，臓器の性状，形態までもを考慮しなければならない．不整脈に留まらず他の心臓疾患においても単一遺伝子で決定される部分はむしろ少なく，さらにマクロの情報をも加味することによって本当のテーラーメード医療が成立すると考えられる（図2.42）．

　この実現に大きく貢献できるのがマルチスケール・マルチフィジックスシミュレーションといえるであろう．テーラーメード医療にはこうした個人最適化といった側面に加え無駄な治療を排除することによる医療資源，医療費の効率化という全体最適化の効果も期待される（図2.43）．

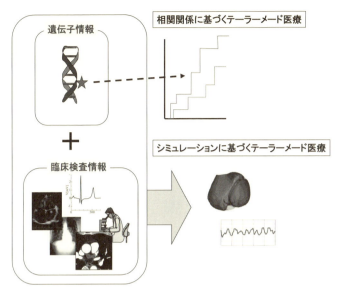

図 2.42　シミュレーションに基づくテーラーメード医療

図 2.43　テーラーメード医療の効果

2.5.4　創　薬

　薬剤は従来型のものに加え，抗体薬品，遺伝子治療を含めてこれからも治療の中心となることはいうまでもない．その開発で大きな問題となっているのが，上市され一般に広く使用されるまでにかかる時間と経費である．図2.44に示すとおり新薬の開発は治療標的の同定とその妥当性の検証，リード化合物（標的に作用しうる化合物）の同定，リード化合物の最適化，前臨床試験（細胞，動物などを用いた薬効，毒性の評価），臨床試験（フェーズⅠ，Ⅱ，Ⅲ）といった過程を経る，すべての過程は10年にも及ぶ．

　当然この過程を合理化し加速するために様々な試みがなされている．治療標的

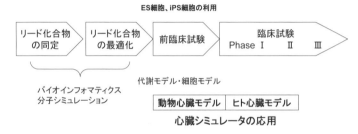

図 2.44　創薬における心臓シミュレーションの役割

の同定やリード化合物の同定にはバイオインフォマティクスが活用されつつあり，分子シミュレーションも研究されている．また幹細胞やiPS細胞から作製された臓器固有の細胞をこれらの過程に用いること，さらに薬効や毒性の評価に応用する試みも開始されている．シミュレーションも，代謝モデルや細胞モデルとして対応する実験系を代替もしくは補完するものとして活用する可能性が示唆されている．心臓シミュレータは各種動物の心臓モデルとして作製することも可能であるため，臓器レベルではあるが動物実験の代用とすることもできる．

　ここで強調しておきたいことは，シミュレーションモデルはあくまでも既知の実験事実をもとに開発されたものであり，新しい要素などを発見するということはできないため，さらなる高精度化のためには実験研究からの新しい情報提供は必須であること．すなわち，ただちに動物実験をすべて肩代りしてなくしてしまうものではないということである．しかし高精度化が進むにつれて肩代りできる範囲が拡大することは十分期待できる．その先には臨床試験を代替するという可能性も開けてくると思われるが，そこでは個人の特性を取り入れたテーラーメード心臓の技術が役立ってくるであろう．

2.5.5　医療機器開発

　医薬品の評価に使用できるシミュレータは，当然医療機器の評価にも応用可能である．すでに心臓シミュレータは植込み型除細動器（ICD）の基本設計に使用され成果をあげている．2.1項に示したとおり，ICDは致死性の不整脈による突然死予防において現時点では最も効果のある治療法とされているが，一方で除細動のために出力される電流が胸郭の筋肉などに流れ激痛を生じること，機器がすべて外国製であり非常に高価であることなどの問題点が残されている．とくに突然

2.5 医療の革新から新産業の創出へ

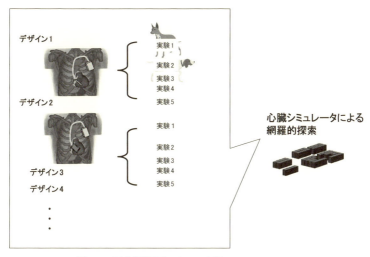

図 2.45　医療機器開発のための心臓シミュレーション

発生する不整脈に反応して襲ってくる予期せぬ激痛は植込みを受けた患者に著しい精神的負担を強いることになり，抑うつ状態になる場合があることが報告されている．

心臓シミュレータは国立循環器病センター研究所，九州大学循環器内科が中心になって行われた ICD 開発プロジェクトの基本設計に活用され，従来製品が除細動に要する出力の 1/10 以下で除細動を達成できる画期的な電極デザインを見出した．この結果はその後動物実験によって確認された．これによって完全な輸入超過の状態を解消し，わが国医療機器産業の振興を図るとともに安価かつ苦痛のない ICD を提供することで，より多くの不整脈に苦しむ人々を救うことができると期待される．ここで行われたことはいわば動物実験の代替であるが，1) 実際に作製するには時間がかかり実行をためらわれるようなデザインも即座に試すことができる，2) 動物実験には不可避な個体のばらつきを考えると膨大な数になると思われる網羅的な検討を短時間に行うことができる，というシミュレーションならではの利点が発揮された結果である（図 2.45）．とくに不整脈を発生させた後で組織に通電するという実験は多少ならず組織に障害を起こすため，実験動物 1 頭について 1 回しか行えない実験となる可能性があり，網羅的検討は不可能であったと考えられる．

このような心臓シミュレータの応用は他の医療機器にも可能であり実行してい

く予定であるが，更なる展開も考えられる．診断計測の原理はX線に代表されるように，外部から加えたエネルギーの生体内における吸収，反射，または2次的反応を観測することである．マルチフィジックス心臓シミュレータにこうした計測の物理現象を組み込むことで，革新的な診断機器の開発につながることが期待される（図2.46）．世界の利用機器市場は2000年の

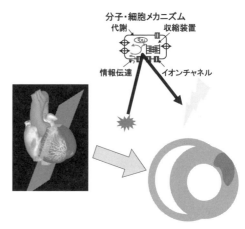

図 2.46　新しい診断機器の開発

時点で約19兆円に及び，日本はこのうち約15%（2兆円）に及ぶ．しかし輸入が全体の約半分とくに治療系機器においては6割を占めている（日本の医療機器市場調査（JETRO Japanese Market Report：JMR No.69））．このような状況を改善していくために心臓シミュレータが役立っていくことを希望する．

2.5.6　計算機および計算科学

マルチスケール・マルチフィジックス心臓シミュレーションはハードウエアとソフトウエア両方の技術の進歩によって初めて実現されるものである．これまで示してきたとおり，複雑な生体の構造と機能を再現するには心臓という1つの臓器に限っても大変な量の計算を行わなければならない．現在PC cluster(Pentium 4, 128 nodes)，IBM JS22（ブレード型 4 GHz Power6, 4 cores/node）などの計算機を使用してシミュレーションを行っているが，1つひとつの細胞の微細構造まで再現した心臓モデルを計算すると数百日を要すると試算しているが，現在神戸で稼働が始まった次世代スーパーコンピュータ（京速コンピュータ：1秒間に1京回の浮動小数点演算（10ペタフロップス）を行う）を使用すれば，分子からミクロまでをシームレスにつなぐ真の意味でのマルチスケールシミュレーションが2日程度で終了すると予測している．もちろんこれは研究の目的であり，実用に際しては目的に応じて複雑さの異なるモデルを使用するのが合理的と考えている．

このような高性能計算機（high performance computer）開発は世界各国が競っており，わが国においても国家基幹技術として継続されていくことが予定されているため，さらに複雑，精密なシミュレーションが可能となっていくであろう．一方ソフトウエア（計算科学）の面では当研究室で開発改良された流体構造練成アルゴリズム，均質化手法，超並列化技術などが心臓シミュレータを可能としたものであり，京速コンピュータプロジェクトのアプリケーションとしても期待されている．ここで培われた技術は他の臓器官系にも応用されうるものである．さらに将来においてハードウエアの進歩と相まって全身のシミュレーションが実現されれば，生命科学，臨床医学における強力なツールとしてこれらの領域に貢献するものと期待される（図 2.47）．

　このように心臓シミュレータの開発は医学，医療機器開発などの応用面のみでなく，計算科学の進歩およびこの分野における人材育成にも貢献してきた．当然のことながら，このようなシミュレーション開発には計算科学ばかりでなく心臓についても分子レベルから臓器レベルにまでわたって，その機能のもとにある物理現象を理解することが必須である．このような計算科学と医学生物学の知識をもった人材が病院など臨床の現場で問題解決に当たることも必要とされてくる．

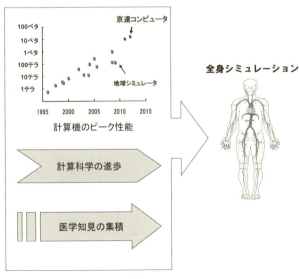

図 2.47　全身シミュレーション

3 未来社会の環境創成

3.1 はじめに

3.1.1 環境創成

　人間の生活の中で移動は非常に重要なファクターを占める．移動は，環境負荷のもとでもあり，また都市の設計もこのことを考えながらやらなければならない．しかも，これまでは公共交通機関という概念を展開してきたが，これから少子高齢化社会でこのような交通インフラそのものが成り立たなくなってきている．したがって，新しい交通環境を整えていくことが環境創成の本質的課題である．

　一方で，私たちが今使える技術としては情報技術がある．情報技術は，インターネットが発展し，室内の使い方から室外，さらには地球全体での通信が簡便に行えるようになってきた．こういった社会基盤といえる技術をうまく使い，しかも個人個人のニーズに応じたきめ細やかなサービスを提供できる交通サービスが可能になってきた．その意味で，将来の公共交通機関の進歩の方向は，かなり明確に見えている．

3.1.2 交通機関のありようの変化

　交通機関にはいろいろな種類があり，船による長距離の国際的な貨物輸送，あるいは人の移動には飛行機が使われることなどは，将来にわたっても現状とそう大きく変わるはずはない．しかしながら，最も生活に近い部分つまり自分の生活圏の中での交通は公共交通機関では難しく，かつ毎日使いかつ1人ひとりの行動は細やかで様々であり，それらのニーズに対応する交通機関は現状では考えられない．

地域内における人の移動では自動車，自転車，バス，タクシーなどの様々な交通用具が使われる．今後これらはそれぞれ発展しなくてはならない．個別の交通に対応できるようにすると，たとえば自動車は1人乗りで高齢者も簡単に利用でき，また交通事故は皆無にならなくてはならない．

3.1.3 オンデマンドバスについて

本章では，オンデマンドバスを取り上げる．バスは長年にわたり，定経路，定時刻運行の路線バスが常識であった．しかしながら，少子高齢化社会が進む中で以前のようにバスは利用されなくなっている．個別の需要に適合するには自家用車が使われる．このことが，環境の負荷を増大し，また公共交通機関の効率を下げている．オンデマンドバスはこれを補うシステムとして考えることができる．すなわち，乗客のニーズを情報通信技術によって得て，それに従って運行する．その際に，乗合いを生じさせることによって効率も確保する．したがって，様々な地域に利用できるとともにその採算性の確保のためにはそれなりの工夫が必要である．

また，これまでのオンデマンドバスは，予約を人手に頼っていたため，必ずしも使いやすいシステムにはなっていない．世界中の様々な地域で使われているものの，なかなか決定版のシステムがないのも事実である．東京大学柏キャンパスでは，これらのサービスを全自動で処理し，オペレータがいらず，また到着時刻を乗客が指定することのできるシステムを開発した．実はこのことによって他のサービスとの連携も可能となり，有用性は格段に高まるはずである．たとえば，病院の予約をするとそれにちょうど間に合う時間にオンデマンドバスが運行される．あるいは，「8時30分までに学校に着きたい」といった要望にも応えることができる．

このようなシステムが地域に導入されると，その地域の交通の様態は大きく変わる．つまり自家用車はなくなり，人々は好きなところに好きなときに行くのにオンデマンドバスを利用することになる．乗合いが生じるために，これまでよりも格段に自動車の効率は上がる．すなわち交通不便地域は地域からなくなり，この意味での地域内格差は消滅する．都市の土地利用も変革され，駅の周辺のみが開発されるということはなくなり，駅から同心円状の発展が期待でき，大都市においても緑豊かな環境の中でゆったりと暮らすことができるようになる．このよ

うにすることによって，都市の経済的な価値が高まり，地方自治体にとっては税収の増加につながる．また，この増加した分の税収はオンデマンドバスに投下してよいはずである．また，今いるところから希望するところまで自動車で移動できるサービスのため，安心で安全な移動が実現できる．

さらに，付随的な大きな効果が期待できる．それは人々の移動状況がデータベースに保存され，その地域の交通行動と個人個人の交通行動をとらえることができる．予約をこちらから提案して簡便に利用でき，かつこれで乗客が増えることによって乗合いも多くなり，利用者数と効率が増える．このデータ全体を観察することにより，都市の設計に直接用いることができる．つまり，病院とか商業施設への移動状況からそれらの最適配置を求めることができる．

この巨大データベースは今後の社会の基盤を構成することになろう．つまり，社会とその中で生活する個人の状況を記録するシステムであり，これを分析することによって社会全体，あるいは個人の生活の利便性を高めることができる．問題は，個人情報が蓄積されているため，これらの保護と利用の手法を開発することである．

研究としてはきわめて多方面にわたる．まず，情報システムを十分に取り入れて，オンデマンドバスシステムを構築することが必要である．これは，乗客とのインターフェイス，バスの運行状況，予約運行状況を把握し，予約を行うためのサーバ，予約情報をバスに伝えるための通信システムと受けた側でそれを表示するためのバスの車載端末，乗客の利用状況を蓄積していくデータベースを指す．これらのシステムは，携帯電話が普及しているため，乗客は携帯電話またはインターネットをもっていることを想定している．高齢者等の利用のために，きわめて利用しやすい端末も必要になっている．様々なユーザインターフェイスの開発になる．データベースの分析にあたっては，いわゆるテキストマイニングの手法を用いている．これによって，個人個人の予約を提案することができ，都市の設計も行える．ある地域に導入することを考える際，どのくらいの大きさのバスを何台くらい必要かといったいわゆる設計が必要になる．この導入設計を支援するシミュレータの開発も必要である（図 3.1）．

採算性の計算，あるいは事業としての可能性を検討するシステムも必要である．このときに，土地の価格の上昇といった現象も考慮するべきである．ヘドニック法のような地域経済学的な手法の導入も必要である．

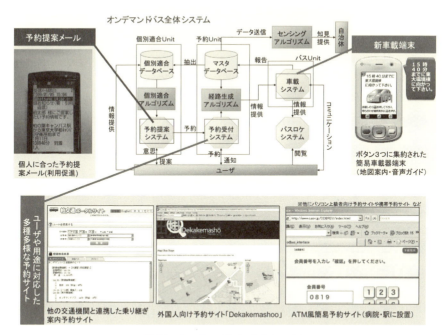

図 3.1 オンデマンドバス全体システム

ここで開発したシステムは，すでに日本各地で導入実験が進められている．近く，海外での実験も計画中である．本章ではこれらを順を追って説明する．

3.2 「未来社会」と「モビリティ」のあり方

3.2.1 未来社会が抱える問題

a. 日本の人口減少と国家財政の赤字化

20 世紀から 21 世紀へ入り，終戦後の高度経済成長と医療の発達を経て日本の人口分布はピラミッド型から釣鐘型になり，60 歳を超える高齢者の割合が全人口の 3 分の 1 を占めている．2005 年 12 月から日本の総人口も減り始め，出生率は 1.32 となり人口を維持するための 2.07 よりもはるかに低くなっている．日本の人口は減少する傾向があり，50 年後に 9,000 万人ほどになり，総人口の 40%が高齢者となり働き盛りの人口の割合は現在の 66%から 50%まで落ち込む予想もある．

人口減少によって国内総生産が落ち込み経済成長が伸び悩むならば，十分な雇用を国内企業は創出できず国民の生活保護の需要が増え，より多くの税収が必要になる悪循環が生じる．

日本政府の予算は10年以上赤字を出し続けている．日本の2008年の歳入はおよそ50兆円であるにもかかわらず，国の歳出は214兆円と大きな赤字になっている．2013年にはついには国債が1,000兆円に達している．

b. 未来社会の問題"高齢化"と"人口減少"

未来社会において問題になることは，"高齢化"と"人口減少"である．高齢者は身体的能力と精神的能力が衰える．個人差はあるものの，体力の低下や歩行が困難になるなど移動する際の障害が増える．日本の都市部では，高齢者が無理なく移動できるような配慮はなっておらず，低床バスや駅でのエレベータの設置や券売機での点字の文字盤の導入など，バリアフリーが課題である．交通機関の乗換えを難しいと感じる高齢者もいる．また，高齢に伴う記憶力や判断力の低下やアルツハイマー病などの痴呆からコミュニケーションが困難になることもある．いま，交通機関と街が連携してバリアフリーを行うことが求められている．

人口減少により，労働人口も減少し国内総生産は伸び悩んでいる．GDPを毎年2%増加させないと日本の雇用を守ることはできない．また，GDPが伸び悩むことで国の税収が減少するため，社会インフラや公共交通機関に財政不足のしわ寄せがくるかもしれない．効率的な公共交通のシステムを開発することで，少ない費用でより多くの利用者のニーズを満たす必要がある．

3.2.2 地方の抱える問題

a. 財源不足

地方の自治体では近未来の日本の縮図が見える．三位一体の改革の「地方にできることは地方に」という掛け声とともに，地方交付税交付金の見直し，住民税と所得税の税源の委譲，国庫負担補助金の削減がなされ，今まで地方の歳入の3割を占めていた国からの補助は大幅に削減された．道州制の議論や市の合併の目的の1つは，莫大な債務を抱える自治体で予算を集めるための信用を，規模の拡大で確保することである．それほどまでに，自治体が抱える財源不足の問題は深刻である．

北海道夕張市は 2007(平成 19)年に財政破綻した．財政再生計画にのっとり，市役所の職員の削減と給与の大幅カット，夕張市の様々な税が割り増しされ，公共サービスも大幅に削減された．具体的には介護福祉センターや図書館の廃止，コミュニティセンターの使用料金の値上がりなどがある．これらの影響を受けるのは夕張市の市民であり，これからも高い税金を納め続け，満足できない公共サービスを受け続けることになる．

b. 公共サービスの提供

　自治体は，小さな政府の方針にのっとり街の公共サービスを自治体が提供しなければならない．公共交通機関，公民館，病院，福祉サービス，教育機関などどれも自治体の予算で運営されている．バスや鉄道など補助金なしでは運営が難しい交通サービス，市民の交流の場となる公民館，人の命を守るための病院，高齢者を介護，支援する福祉サービス，子供を育てる教育機関など，生活のために必要となる要素の多くが自治体の予算でまかなわれている．

　自分で目的地まで移動する手段をもたない子供や高齢者などの交通弱者にとって，公共交通サービスの提供は必須である．郊外化する地方都市において，大型店舗や公共施設は自動車で移動を前提とした位置にあるため，交通弱者は公共交通サービスなしには生活するために必要な物資を手に入れることさえできない場合がある．また，高齢化が進み自動車を運転できなくなった人たちが，街に住み続けるためにも公共交通サービスの充実は自治体の最重要課題の1つである．

c. 過疎化

　高齢化が進み働く人が職を求めて都会へ向かうため，税収を望めない地方自治体と都心部のように多くの企業と労働人口に支えられて税がしっかり集まる自治体とでは，提供できる公共サービスの質が違ってくる．地方の年齢別人口分布を見ると，20歳を過ぎた21〜25歳までの人口が極端に減っている．就職活動では，多くの若者が都会に足を運び，都会で就職する．地方に残る若者もいるが，多くの就職希望者を雇用できる企業が少ない地方においては人の流出は免れない．地元の祭りなどの伝統文化の継承が途絶えることもあり，人口流出に歯止めをかけなければならない．

　過疎化によって住居が広範囲にまばらに点在するため，公共交通に一度に多く

の利用者が乗ることは難しくなる．公共交通の利点は一度に多くの人を運ぶことができ，利用者が運行費用を分け合うことで運賃を抑えることができる．過疎化が進む地域でのバスや路面電車では，"空気を運ぶバス"などと揶揄されるようにほとんど利用者がいないにもかかわらず運行されている公共交通がある．需要はあるが利用者が少ないが故に運営が難しいことが，過疎地における公共交通の課題である．

3.2.3 自家用車の普及による弊害

交通機関は，生活水準の向上を支える生産の促進を支えてきた．日本国内の産業を支えるために鉄道ができ，国内の物資の移動が容易になり国内経済が活発になる．陸ではトラックと鉄道が，空には大型ジャンボが，海では大型タンカーが国の産業を活性化させるべく運行されている．公共交通機関は，人の移動手段を確保することで生産・消費活動を支えている．職場で生産し店舗でものを購入し消費する際，必ず人は移動する．生産と消費によって支えられる高い生活水準を維持するために，公共交通機関は人の移動を促してきた．

人が交通機関に求めたことは，"いつでも，どこへでも"いけることである．公共交通のように，時間と路線が決められていて決まった時間に決まった所へしかいけない交通機関ではなく，自動車のように自分の家の前から目的地の目の前まで移動することができる手段が求められてきた．

高度経済成長を支えた日本の産業に自動車産業があった．戦後の日本の復興を掲げた池田首相の"GDP倍増計画"により家庭の所得は倍増し，好景気に支えられ大衆も自家用車をもてるようになった．しかし自動車の普及によって様々な問題が生じたことも確かである．以下にいくつかの例をあげる．

a. 環境負荷

まず排気ガスによる大気汚染があげられる．ディーゼルエンジンや重油を使って走る乗用車から出る粉塵を含む排気ガスは，人の呼吸器系に刺激を与え喘息などの症状を起こしている．中国，北京のオリンピックの際にも話題になったように，マラソンランナーが喘息の発作を危惧して棄権するなど，排気ガスがもたらす大気圏の汚染が問題になっている．日本で流行している花粉症も，スギ花粉が排気ガスなどの粉塵と結びつき化学反応したことで本来は無害であるスギ花粉が

アレルギー症状を生み出し，日本では多くの人が感染している．空気の流れがないところで排気ガスなどの窒素酸化物や炭化水素が充満し，太陽光に含まれる紫外線によって光化学反応を起こして光化学スモッグを発生させる．のどの痛みや皮膚の発赤のみならず，息苦しく感じ嘔吐を催す原因となる．大気中の雲がこれらのガスを吸収し，酸性雨となって生態系に被害を与えもする．湖沼を酸性にし土壌中の植物に必要な金属イオンを溶け出させ，河川を汚染する．

そして，排気ガスによる最も大きな懸念が地球温暖化への影響である．化石燃料の燃焼により多くの炭素酸化物や二酸化炭素などの温室効果ガスを排出することで，地球から放射される赤外線を大気中にとどめ，温暖化を起こしている．北極圏の氷河が溶けることで海面が上昇し，海岸線が侵食され，生態系に変化を起こし，洪水や旱魃など異常気象を起こしている．IPCC「気候変動における政府間パネル」でもこの温暖化の原因は人為的な温室効果ガスの排出が90％を超える確率であることを示している．自家用車の利用の拡大によって生じる温暖化の影響を見過ごすことはできない．

b. エネルギー問題

自動車のエネルギーである石油は海外に依存し続けて，2度にわたるオイルショックやイラク戦争に伴う石油価格の高騰によって，日本の生活に大きな影響を及ぼした．

石油は，自然界が長い間かけて作り上げた高密度なエネルギーであり，限りある資源である．もし今のように使い続ければ，2050年までに世界の石油はすべて掘り尽くされてしまう可能性もある．技術革新によってハイブリッドカーや電気自動車など，より効率的にエネルギーを使うまたは代替エネルギーによって走る車など，脱石油のための技術が開発されている．水素で走る自動車や，トウモロコシのバイオマスエネルギーや家庭で使った油をエンジンのエネルギーにする試みもある．しかし，依然としてエネルギーを再生可能なものだけから生み出すことはできていない．いくら代替エネルギーで走っているからといって，人が使うエネルギーのもとは石油や原子力にほとんど依存し続け，この状況はまだ続く．エネルギーを生み出すもとを生み出すことも重要だが，人が使うエネルギーの量を抑えることこそがより重要である．自家用車を代替エネルギーで走らせるよりも，より多くの人と公共交通を利用してエネルギーの消費量を減らすことのほう

が重要なのである．

c. 交通事故

道路の発展とともに，交通事故も年々増加している．自動車の技術は発展し，車の中にいる人を守る技術も発展し続けている．エアバッグの装着や，より衝撃に強いフレームにより乗員の安全は高まっている．しかし，歩道を歩く歩行者の安全はまだまだ不十分である．道路の歩道と自動車道の境目には，整備されているところではガードレールがあるが，住宅地などで見られるように道路が狭く歩道が確保できないところでは，車と歩行者が接触してしまうほど近くを通る場所がある．交通事故は年々増加しており，年間およそ100万件発生し，交通事故死亡者の数は近年減少傾向にあるものの年間およそ6,000人が被害を受けている．被害者はとくに高齢者と子供が多い．厳罰化によって飲酒運転は減少したように，交通事故への対策として法律も含め，道路による歩行者の保護，運転手の安全運転の徹底，自動車の技術革新での事故の防止など，総合的な取組みが必要である．

3.2.4 モータリゼーションのスパイラル

自家用車の利用が進むこと（モータリゼーション）で，公共交通機関を維持することが難しくなることを説明する．

まず，公共交通機関の利用減少と目的の偏在化である．自家用車の利用が進むにつれて，鉄道，バスなどの公共交通機関の利用が減少する．駅の近くなど中心地にある商店街を使うよりも，郊外にあるショッピングモールを利用するほうが子供を手放しにしても安全であり，使いやすい．

公共交通機関の利用が減ることで，交通事業者の採算性は悪化する．地方では，朝の通勤・通学時間帯以外の公共交通機関利用者はまばらである．長期休暇や休日には，自家用車を利用するため利用者はとくに減少し，採算性をとるために必要な利用者数を確保するのは非常に難しい．地方における公共交通機関のほとんどは，自治体から補助金を得て運営されている．都市部では，毎日多くの市民が利用し休日でも一般道は混雑するため，バス，鉄道での移動のほうが素早いため利用者は途絶えない．市民からの需要があっても，利用者数が少ない地方では，数少ない本数を運行するだけでも採算性をとることは難しくなっている．

利用者の減少によって，サービスの低下が起きる．採算がとれない路線では，

利用者はいるので廃線にはできないが，運行すれば赤字になるのでできるだけ損失を少なくするべく運行する本数を減らす，運行する車両を小さくする，運賃を上げるなどの対処を行う．これは利用者にとっては，サービスの低下につながる．サービスの低下によって利用者が減り，利用者が減ることで採算がとれなくなり，採算がとれないことでサービスの低下が起きるスパイラルが生じる（図3.2）．

このスパイラルは街の構造によって生じる場合がある．たとえば，土地が安いところに大きな団地，公共施設，大型店舗が郊外にできた場合，地元の商店街は利用者が減ることで衰退し，郊外の移動へ車を使うためにバス・電車の利用が減る場合がある．街の構造が公共交通機関を支えない仕組みの場合，どうしてもこのスパイラルはとめることができない．

この悪循環をとめるには，どこか1つのポイントを変えれば，よいスパイラルに生まれ変わる．"利用者が増える" "採算がとれる" "サービスが向上する" のうち，どれか1つを達成することで，よいスパイラルに生まれ変わる．たとえば，路線の統廃合によって採算がとれるようになれば，"サービスが向上" し，"利用者が増える" 循環が始まる．または，運賃が下がることで "利用者が増加" し，"採算がとれる" ようになることもある．

地方の山間部で住宅が点在する地域では，公共交通機関を運営することは困難

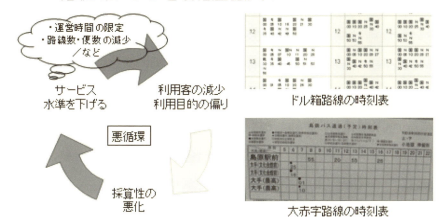

図3.2 地方公共交通の悪循環[1]

である．乗合い率を高めることができず小さな需要しかない場所では，採算をとることはできない．利用者だけから運賃をとるだけで採算を確保するのではなく，街の中心の商店街と協力して地域が支える交通機関を作り出すことで問題解決できる．たとえば，利用者も運賃を負担するが，利用者が向かった先の施設に運賃の半分を負担させる方法や，移動した先で利用者が消費を行った際，その消費先の施設が利用者の消費量に比例して運賃を負担し，交通機関はその施設に対して車内広告や乗車券など価値を提供しあうことで，地域と利用者によって支えられて成り立つ交通機関なら採算をとることができる．国や自治体からの補助だけで運営するのではなく，地域と結びつき新たな価値を地域に提供して採算がとれる交通機関が必要とされている．

3.2.5 市民がつくる交通

a. トップダウンから市民参加へ

街は市民が生活の中で作り出す空間であり，交通も市民が利用する中で作られる．モータリゼーションの問題も，市民が車を交通手段の1番目ととらえることで始まり，街の郊外化を受け入れていくことになる．また，市民が歩行を交通手段の1番目と考えることで，街は歩いていける範囲で生活が可能な街に交通網ができあがる．

都市計画や交通計画を今までは企業や行政や自治体が策定してきた．トップダウンで決められてきたが，都市計画と交通計画の整合性をとるため市民，企業，行政が合意形成をするための関係作りが必要である．横浜市や浜松市では市民参加を促し，地区内の都市計画道路について，道路を整備しないことも含めてルートを選定する議論を行い計画案を作成する取組みが行われている．またその他にも多くの市民参加のもとに，道路構造や街並み景観についての検討を実施し，効果をあげている．

b. 市民が作る公共交通

公共交通機関を市民参加で作成していく例として，オンデマンドバスがある．このバスは，運行地域と発着地点となるバス停を自由に設定して運営できる．この運行地域と発着地点を今までは企業または行政が民意を反映して作成してきた．しかし，いざ運行を始めると，市民からの運行地域やバス停の変更の要望が

絶えない．利用者と運営者の間で新しい交通機関を導入するための関係作りの段階を踏んでいないからである．

　山梨県のH市では，バス停と運行地域を決めるにあたって市民にまかせることになった．市の各地区単位で住民が話し合い，必要なバス停を決めていく．今までの市民参加では，関心があり意識が高い人だけが都市・交通計画に参加してきた．しかし，そこには「サイレントマジョリティ」の声を反映できない欠点がある．地区で話し合うプロセスにおいて，より多くの市民の声を集めることができるとともに，"市民"が住みやすい街を作ることができるようになる．

　モータリゼーションによって生じる問題は便利さの副作用であり，市民は自覚していなかった．交通計画と都市計画は相互に依存しあっており，片方を決めればもう一方に大きな影響を及ぼす．市民は"住みやすさ"を考え，行政と企業と合意形成をするプロセスに積極的に参加し，トップダウンからボトムアップを配慮した街にできる．よい街を作るのは都市・交通計画ではなく，そこに住む人の暮らしがよい街を作る．

3.2.6　これからのモビリティのあり方

a.　現状の交通・都市計画

　都市・交通計画において，TOD（transit oriented development）の考え方が広まっている．交通網と都市計画を総合的に考え，鉄道や路線バスの沿線の周りが発達していくFiber Cityや，駅周辺に中・高層住居を建造し，職住一体型にして無駄な交通を減らすCompact Cityなどがあげられる．これらの計画は，企業または行政に予算があり，新たに住居を購入できる市民を前提とした街作りである．

　しかし，現実に地方の自治体は財源不足で苦しんでおり，新たな住宅や交通機関を作ることはできないし，住民が移住することも難しい．現状の街の構造を変えることなしに，より街を住みやすくする方法が今求められている．

b.　オンデマンドバスが可能にする暮らし

　過疎化が進み郊外化が起きた街には，広がっているからこそ大きな家をもてるなどの利点がある．すぐ近くには自然豊かな山や海があり，都市とは違った豊かな生活がある．TODの都市計画に沿って公共交通機関の近くに住居を移すことは現実的でない．公共交通機関が運行する地域を広げることで，生活を変えること

なく交通を便利にすることがオンデマンドバスにはできる．

　これからのモビリティは，鉄道や路線バスなど"線"の移動を助けるのではなく"面"の移動を助けるものになり，今の生活を変えずにより住みやすい街を作ることができるようになる．地方において，街の中心部から離れて山や川の近くで豊かな生活をする社会を作ることができるようになる．それを支えるのはオンデマンドバスである．

3.3　東京大学発！オンデマンドバスシステム

3.3.1　東京大学オンデマンドバスシステムの特長と開発の目的

　東京大学が開発したオンデマンドバスシステム[2]の目的は，オペレータの仕事をコンピュータに代替させ，オペレータの数を減らし，運行コストを削減することにある．また，オペレータの経験知や土地勘の差から，生成される運行計画のサービスレベルが異ならないような公平なシステムを作成することにある．

　具体的には，利用者自身がオペレータを介することなくパソコンや携帯電話で予約できるシステムの構築にある．情報通信端末を利用できる利用者はわざわざ電話をすることなくバスを予約することができ，電話しなければバスを予約できない煩わしさから解放することができる．また，オペレータ対応は情報通信端末の操作が苦手な乗客のみとなるため，オペレータの数を減らすことができる．

3.3.2　東京大学オンデマンドバスシステムの構成

　本システムは予約サーバ，計算システム，車載システム，そしてデータベースという4つの機能から成り立っている．その概要を図3.3に示す．これらのサーバ技術はASP形式で提供できるため，自治体はシステム導入および運用にかかるコストを低く抑えることが可能となる．

　①予約サーバ：乗客は，電話やインターネットから予約サーバにアクセスすることになる．この予約サーバは乗客との対話を進めデマンド情報（どこから？・どこまで？・何時に？・出発or到着？）を聞く機能をもつ．また，計算サーバから返ってくる新しい運行スケジュールを乗客に伝え，乗客の了承をとる機能を有する．

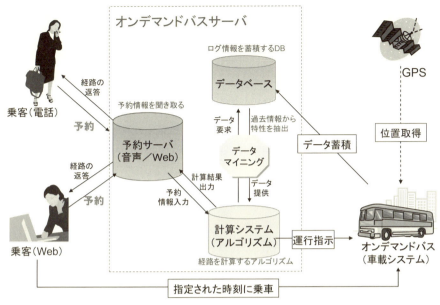

図 3.3　オンデマンドバスシステムの概要

②計算システム：予約サーバが聞き取ったデマンド情報は計算システムにインプットされる．計算システムでは現行の運行スケジュールと新しく入ったデマンド情報から，今予約をした乗客も含めた新しい運行スケジュールを生成する．

③車載システム：計算サーバによって更新された新しい運行スケジュールや経路はオンデマンドバスの運転手に知らせる必要がある．また，バスの運行状況や乗客の実車具合をサーバに伝える必要がある．バスとサーバとの情報交換を行うのが車載システムである．

④データベース：データベースは2つの機能に分けることができる．1つは顧客の個人特性，利用状況，バスの運行状況などを記録する機能である．データベースに蓄積されるログを分析することで，より利便性の高いサービスの実現などが可能になる．もう1つの機能は過去の移動情報を保持し，正確な移動時間を見積もることにある．

以下，①予約システム，②計算システム，③車載システムの3点について，より詳細な説明を行う．④データベースについては蓄積されるデータの活用事例について示す．

3.3.3 予約システム

予約システムは顧客との対話を行い，デマンド情報や利用の意図を聞き出す機能を有する．予約システムの利便性は大きく分けて，①予約手段のバリエーションと②各手段のユーザビリティによって評価できる．本研究ではwebによる予約（PC環境・携帯環境）を設計し，構築した．

a. 予約システムについて

予約システムの機能はデマンド情報を乗客から聞き取り，計算システムに送ることである．デマンド情報は「どこから？どこまで？何時に？出発or到着？」という4つの情報からなり，したがって予約システムは乗客からこの4つの情報を聞き出す際にいかに乗客の負担を減らして聞き出すことができるかが重要になる．

b. Webによる予約

Webを用いた予約システムのシステム概要図を図3.4に示す．ユーザはインターネット網を通じて直接サーバ上のコンテンツへアクセスする．通信はhttps通信を用いた．

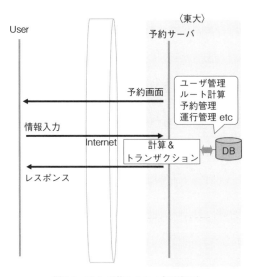

図 3.4 Web予約システム処理概要

(1) Web予約画面　Web予約のユーザビリティを向上させるうえで，予約画面の構成は重要なポイントとなる．実際に実装したweb予約画面を図3.5に示す．予約はログイン→予約→確認という3つのステップからなる．

Web予約画面は電話による予約と異なり，数字による入力と文字による入力の双方を利用することができる．電話予約の場合は利用者がバス停番号を覚える必要があったが，web予約の場合にはバス停検索をフリーワードでできるようにすることで，バス停の名前あるいは［駅］・［学校］などといったキーワードのみで予約ができる．

また，電話予約の場合には最後の予約を確認した際に伝えられる予約番号や乗車時刻などを覚える必要があったが，web予約の場合には予約確認画面をプリントアウトできるため，暗記の必要がない．

Web予約の問題点は，デジタルデバイド問題に尽きる．すなわち，パソコンに慣れた利用者にとってはこれほど容易なツールはないが，パソコンに不慣れな人にとってこれほど混乱を生むツールはない．とくに高齢者や過疎地域で暮らす人に対してこの問題は大きい．オンデマンドバスの現在の利用者から見てもわかるように，オンデマンドバスの対象者の多くは高齢者や過疎地域の住民となることが予想される．実用化にあたってはデジタルデバイド問題を解決する利用勝手のよいユーザインターフェイスが重要になる．

図3.5　Web予約画面の遷移

(2) 携帯 web 予約画面　　前述したデジタルデバイド問題を緩衝するツールに携帯電話があげられる．携帯電話がこれまでターゲットとしてきたのは若年層から中年層にかけてであるが，現在その利用層が高齢者層にまで広がりつつある．

さらに，携帯電話の web 機能からの予約機能を開発することは，電車やレストランなどというように外出中の予約を可能にする．本研究で開発したオンデマンドバスは外出中などの急な利用にも対応できることが想定されており，このような機能は有用である．

パソコンによる web 画面と携帯電話による web 画面との違いは，予約成立までの画面遷移の数にある．携帯電話はパソコンほどの通信速度をもたず，画面を構成するのに必要な情報をダウンロードするまで時間がかかる．したがって，できる限り簡易に構築する必要がある．また，携帯電話のボタン操作はパソコンに比べて時間がかかるため，できる限り簡易に入力できるサイトとするべきである．

図 3.6 に携帯電話用に構築したサイトのイメージを示す．基本的な操作方法は図 3.5 に示したパソコンの画面と同様であるが，デザインはできる限り簡易なも

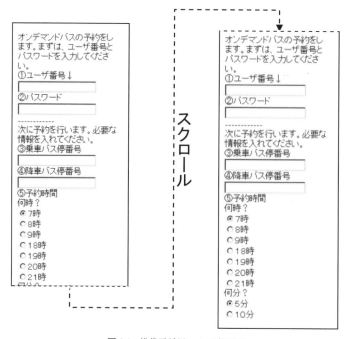

図 3.6　携帯電話用 web 予約画面

のとした．また，できる限り文字・数字入力をなくすため，日付や時刻，人数の入力はプルダウン式としたことに特長がある．

3.3.4 計算システム

本項ではオンデマンドバスシステムの計算システムについて説明する[3]．利便性の優れたオンデマンドバスのシステムを設計するため，以下の3点を考えた．

1点目は，時間的制約のある利用目的にも対応できるオンデマンドバスのシステムに求められる要件である．

2点目は，システムに求められる要件から，具体的にどのような予約システムが利便性の高いオンデマンドバスにふさわしいかを考える．

3点目は，問題の困難性への対応である．具体的には，問題に付与される制約条件の厳しさや，短時間での処理の必要性などである．

また，問題の制約条件を緩める目的で「ゆとり時間」と名付けたTime Windowを導入する．

a. システムに求められる要件

現行のオンデマンドバスでは出発時間および到着時間を乗客が指定することができず，時間的制約のある利用目的に対応する交通手段とはいえない．利便性に優れたオンデマンドバスシステムには次の要件が求められる．

予約を行う時点で，
◇バスが待ち合わせ場所を出発する時刻
◇バスが目的地に到着する時刻
を知ることができる．

乗客が，予約を行う時点でバスの出発時刻・到着時刻を知ることができれば，時間的制約のある利用目的にも対応できる．具体的には，「9時から始まる会議に間に合うように相手先の企業に行きたい」あるいは「18時15分発の電車に間に合うように駅に行きたいが，17時半までは会社を離れられない」などといった利用目的である．

b. システム概要

(1) リアルタイム処理を用いた予約システム

①リアルタイム処理とバッチ処理：現行オンデマンドバスの予約処理は「バッチ処理形式」である場合が多い．しかし，本研究で提案する利便性の高いオンデマンドバスシステムには「リアルタイム処理」を用いる．以下，バッチ処理方式およびリアルタイム処理方式の違いについて説明する．

ⅰ．バッチ処理方式…バッチ処理方式とは，いくつかの予約を集めてからバスの運行計画を作成する方法である．図3.7にその概要を示す．複数の顧客の予約情報をインプット，バスの運行計画をアウトプットとする予約処理方法である．

バッチ処理方式の場合，バスの運行計画は複数の顧客の予約情報がインプットされてはじめて生成される．そのため，顧客は予約の時点で「バスが迎えにくる時刻」を知ることができない．したがって，バッチ処理方式は，前項の要件を満たすオンデマンドバスには不向きである．

現行オンデマンドバスシステムの多くもこのバッチ処理方式を用いており，そのため目的地に到着する時刻がわからない，あるいは予約後にスケジュールを再確認する必要があるといった問題点のどちらかが必ず発生してしまう．

ⅱ．リアルタイム処理方式…リアルタイム処理方式とは，乗客の予約が入るたびにバスの運行計画を更新させる処理方式である．図3.8にその概要を示す．

図3.7　バッチ処理方式

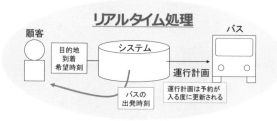

図3.8　リアルタイム処理方式

リアルタイム処理方式の場合，1人の乗客が予約した時点でシステムがバスの経路計画を計算し，その結果，乗客には「出発時刻」を，バスには「更新された運行計画」をアウトプットとして返す．この一連の流れで，バスが待ち合わせ場所を出発する時刻およびバスが目的地に到着する時刻の両方を，乗客は予約時に知ることができる．

以上より，本研究で提案する利便性の高いオンデマンドバスシステムには，リアルタイム処理方式を採用する．

②リアルタイム処理を用いた予約システム：ここでは，リアルタイム処理方式を用いた予約システムの概要を述べる．

まず，乗客は予約情報として，出発地，目的地，到着時刻の3つの情報を入力する．この時点ではまだ乗客に出発時刻を伝えられていない．予約情報を入力すると，出発地（バスの乗車位置）にバスが到着する時刻をリアルタイム処理により計算する．計算では，新しい予約情報とこれまでに入った予約情報をもとに，バスの新しい運行計画を求める．最後に，システムは計算結果としてバスの出発時刻を乗客に返し，バスの運行計画を更新する（図 3.9）．

目的地への到着希望時刻を予約情報として入力した乗客は，電話越しで数十秒待機する．すると，システムが待ち合わせ場所から何時にバスが出発するかを知らせてくれる．この一連の予約の流れで，時間的制約のある利用目的にも対応できる．

(2) リアルタイム処理の困難性とゆとり時間の導入

①バッチ処理と比較した問題の困難性：前項の議論では，乗客の利便性向上に

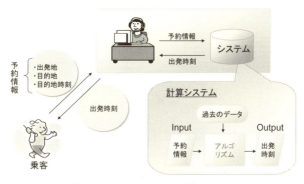

図 3.9　オンデマンドバス予約システム

はリアルタイム処理が不可欠であることを述べた．しかし，一方でリアルタイム処理は，問題の制約条件を厳しくするという困難性をもつ．ここでは，現行のオンデマンドバスの予約処理方式であるバッチ処理方式とリアルタイム処理方式とを比較し，問題の困難性を明らかにする．

ⅰ．バッチ処理方式…前述のとおり，バッチ処理では複数の予約情報を受けとったあとに運行計画を作成する．図3.10にその運行計画を作成するイメージを表現した．図中でアルファベットの違いは乗客の違いを表す．各アルファベットにおいて●は出発地を表し，■は目的地を表す（たとえば，Aの乗客の場合，9:00にaに到着するようにAを出発したいというデマンドを表している）．

図3.10の左側は，3人分の予約情報を受けとった後の状態を示している．この状態からバッチ処理を行い，求めた運行経路が図3.10の右側である．Cの乗客の出発地から運行を始め，図中の矢印に沿ってバスは地点を移動する．

バッチ処理方式では，予約した時点（図3.10左側の状態）で乗客は出発時刻を知ることはできない．なぜなら，複数人の予約情報がまとまり経路探索を行ってはじめて，各地点をバスが通過する時刻がわかるからである．

ⅱ．リアルタイム処理方式…次にリアルタイム処理方式を採用した場合の解法について考える．図3.11にその概略を示した．図3.11左上の状態が，1人目の予約を受けた状態である．1人目の予約に対してリアルタイム処理を行った結果，8時45分に待ち合わせ場所を出発するという情報を乗客に返す．

1人目の予約を受け付けた後に2人目の予約が入ったとする（図3.11右上）．この場合，多くの人数と乗り合わせるために，図3.11右下の経路を通りたいと考える．しかし，これは不可能である．なぜならこの経路のように移動したい場合，最後の目的地（1人目の乗客が指定した目的地）に9時までに着くためには，最

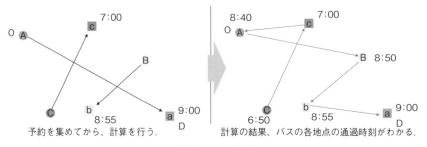

図3.10　バッチ処理

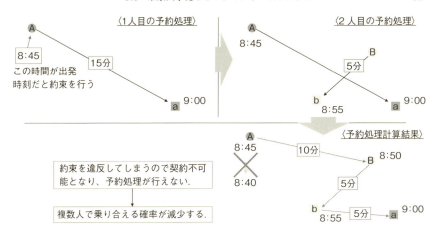

図 3.11 リアルタイム処理

初の出発地を少なくとも 8 時 40 分に発たなければ間に合わないからである．したがって，この問題の場合，1 台のバスを 2 人で乗り合わせることを断念して 2 台目のバスを稼働させるか，2 人目の予約をキャンセルしなければならない．

このようにリアルタイム処理方式を用いた場合，前の乗客に時刻を約束してしまうことから問題の制約条件は厳しくなる．このために，多くの人数で乗り合わせることができず，オンデマンドバス本来の利点が失われてしまう．

②ゆとり時間の導入による制約条件の緩和：リアルタイム処理方式は，利便性に優れたオンデマンドバスの構築には欠かせないが，問題の制約条件を厳しくする結果になり，大人数での乗り合いが不可能になるという非効率を招くことを前項で説明した．

この問題に対して，「ゆとり時間」の概念を導入する．ゆとり時間は乗客とバスとで交わされる一種の約束である．たとえば，「ゆとり時間 10 分で 8 時に到着したい」と予約した場合，バスは 7 時 50 分から 8 時の時間幅のどこかで目的地に到着することを示す．つまり，ゆとり時間は「バスが目的地に早く到着する許容範囲」を表している（図 3.12）．

このゆとり時間の特徴は，バスの到着が指定した時刻より遅くならないということである．したがって，別の交通機関への乗継ぎや，会議や映画，友人との待合せ，他にも病院の予約などを想定した利用目的にも対応できる．なお，ゆとり時間には個人差があり，各自が予約時に指定する方法を採用する．

図 3.12 ゆとり時間

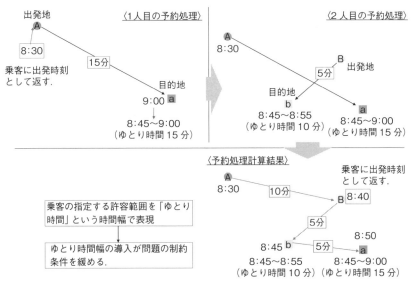

図 3.13 リアルタイム処理(ゆとり時間導入)

(3) ゆとり時間による制約条件の緩和　このゆとり時間の導入が問題の制約条件を緩めることを説明する．図 3.13 は図 3.11 と同じ問題をゆとり時間の考え方を導入して解いた場合である．ただし，図 3.11 とは異なり，乗客は「9 時」と一点で目的地に到着したい時刻（目的地希望到着時刻）を指定するのではなく，「8 時 45 分～9 時の間」と範囲で指定する．その結果，図 3.11 では乗り合わせることができなかった 2 人の予約を 1 台のバスで処理することができる．このことは，問題の制約条件が緩くなっていることを示している．

c. まとめ

本項では，利便性の高いオンデマンドバスシステムの概要を考えた．これまでのオンデマンドバスシステムはバッチ処理により予約処理を行っているシステム

が多い．バッチ処理では「時間的制約のある利用目的にも対応したオンデマンドバス」という目的を実現できなかった．

東京大学が開発したオンデマンドバスシステムは，リアルタイム処理を導入することで問題解決を試み，リアルタイム処理方式を用いた予約処理を考案した．だが，リアルタイム処理方式を採用することで問題の制約条件が厳しくなり，オンデマンドバス本来の「多くの乗客で乗り合わせることができる」という利点を失ってしまう．この解決策として，「ゆとり時間」を導入した．乗客が時間幅をもって予約を行うことで，問題の制約条件を緩めることができた．

ゆとり時間を導入することで，緩やかな制約条件のもと，リアルタイム処理を用いてバスの運行計画を作成することが可能になる．これにより，時間的制約のある利用目的にも対応できる利便性の高いオンデマンドバスシステムを構築することができる．

3.3.5 車載システム

車載システムは，最新の運行スケジュールをサーバから受信し表示する機能と乗客の乗降状態や運行状況をサーバ側へ送信する機能をもつ（図3.14）．本研究では車両の大きさによって2種類のハードウェアを用いた車載システムを開発した．

a. ハードウェア（PDA 端末：HTC 社製「P3600」）について

車載器のハードウェアにはタブレット HTC 社製の汎用 PDA 端末（図 3.15）を選定した．選定の理由は①表に見えているボタンが3つしかなく，操作が簡単という印象を受けること，② GPS が内蔵されていること，③ Windows Mobile 環境でソフトウェア開発が容易なこと，④ SIM ロックフリーであり，様々な通信が可

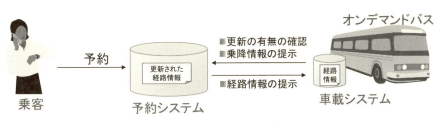

図 3.14 車載システム通信の様子

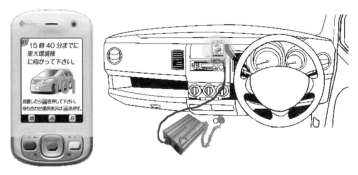

図 3.15 中小型車両用車載器

能であること，⑤タクシー車両にも小型バス車両にも適切な機種の大きさであること，といった5点があげられる．

近年携帯電話の普及によりパソコンなどを操作できない中高年の運転手でも携帯電話なら操作できるという方が多いため，運転手への抵抗の少なさもメリットの1つとして確認できた．

b. ソフトウェアについて

ここでは，開発した車載システムのソフトウェアについて説明する．車載システムで必要なソフトウェアは，運行スケジュールや乗降する乗客の情報を運転手に伝える機能をもったソフトウェアである．本研究では，乗降客リストを提示していく機能と地図ナビゲーション機能の2点を開発した．

(1) 乗降客提示機能について　本研究で開発したオンデマンドバスは，乗客が新しく予約をすることで運行経路が変化するという特徴をもつ．そのため，バスにはリアルタイムに運行情報を伝える必要がある．図3.16は，実証実験で使ったバスの運転手が確認する2種類の画面である．画面の情報は音声により自動的に読み上げられ，画面を見なくても操作をすることができる．

①次に向かうバス停：次に向かうバス停の情報である．次に向かうバス停を知っておくことで運転手は経路をイメージしやすくなる．

②現在のバス停で乗車する乗客：現在のバス停で乗車する乗客の名前と予約番号を示している．乗車した乗客の名前の欄は表示が変わり区別できる．また，グループで乗車する場合には何名が乗車するかを表示させている．

これらの情報を運転手に伝えることで，オンデマンドバスサービスが成立する．

3.3 東京大学発！オンデマンドバスシステム

図 3.16 バスの運行情報の提示

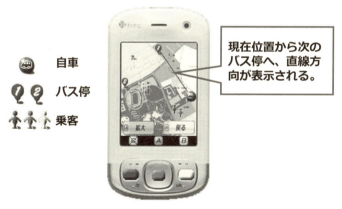

図 3.17 ナビゲーション機能

(2) ナビゲーション機能について　バス停の数が増えるに従って運転手にすべてのバス停の位置を把握させることは現実的ではない．そのため，ナビゲーション機能が重要な役割を果たすようになる．

図 3.17 は，住友電工システムソリューション株式会社のパワーアトラス (http://www.seiss.co.jp/products/poweratlas/index.html) という地図ソフトを使って試験的に作成したナビゲーション機能の画面である．現在地から次に向かうバス停への経路を示しており，図 3.16 の情報と対応している．たとえば，目的

地が変われば地図に表示される次の目的地も自動的に変更される．

c. 通信について

本研究で開発した車載システムはFOMAのパケット通信でサーバとの通信を行った．通信速度はベストエフォート形式で496 kbpsである．事前に実験地域内でFOMAの電波が通じることを確認したうえで採用した．

d. 車載システムのまとめ

ここでは，開発した車載システムについて述べた．車載システムの工夫点としては，どのような情報をどのように伝えるかということがあげられる．まず，ハードウェアには様々な車両への適用可能性を考え，PDA程度の大きさの端末で，表に見えているボタン数が極力少なく，GPS機能も有しているHTC社製の「P3600」を選定した．

さらに，ソフトウェアは機能ごとに画面を変え，各画面の指示を音声で自動読上げさせることで，短い期間で操作を習熟でき操作ミスの少ない運行が実現されるよう工夫した（図3.18）．

3.3.6 データベース

東京大学が開発したオンデマンドバスシステムは，データベースによりすべての運行ログを蓄積している．本データベースに蓄積される情報をマイニングし，①予約提案サービス，②モビリティセンシングなどに活用することができる．これら2つの技術詳細は後述するが，本項ではその概要についてのみ示す．

a. 予約提案サービス

予約提案サービスは，過去に利用した履歴をマイニングし，ターゲットとする乗客が次に利用するタイミングおよびその予約内容を推測する技術である．たとえば，携帯電話のメールにオンデマンドバスの利用を促すメールを自動配信したり，ログイン時に推測結果から入力補助機能を実装したりすることができる．

b. モビリティセンシング

モビリティセンシングは，オンデマンドバスの移動データをマイニングするこ

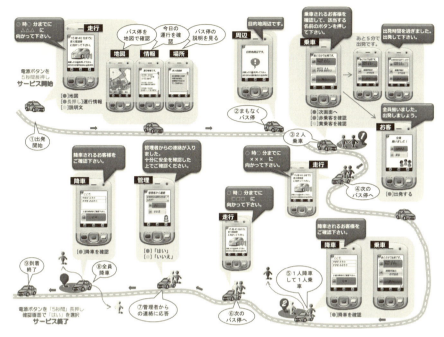

図 3.18 車載器の操作イメージ

とで，これまでパーソントリップ調査（PT 調査）で明らかにしていた地域における人の移動の実態を明らかにするものである．オンデマンドバスの利用データには，①誰が，②どこから，③どこまで，④何時に移動したか，という情報が蓄積されているため，詳細な人の移動分析および都市設計などが可能となる．

これらのデータベース活用技術はこれまでにない公共交通機関に蓄積されるログデータの活用であり，新技術といえる．

3.3.7 まとめ

本節では東京大学が開発したオンデマンドバスシステムについて説明した．本システムは，①「ゆとり時間」という考え方を導入したことで，到着時間あるいは出発時間の指定ができるサービスが実現された点，②蓄積されたデータを活用して新サービスの展開が可能となる点，③これらのシステムがクラウドサービスとしてネットワークを通じて利用者に提供されるため，導入を計画する自治体はこれまで高額だった初期費用や運用費用を低く抑えることができる，といった点

に特徴がある．

また，予約インターフェイスや車載システムは，利用者（乗客や運転手）が簡単に操作できるように工夫されたインターフェイスとなっている．

通例の工学系の研究では，たとえばアルゴリズムの研究ならアルゴリズム，インターフェイスの研究であればインターフェイスと一点に特化して研究を進める形であった．東京大学新領域創成科学研究科では，システムという概念を導入し一点の技術（オンデマンドバスの場合はアルゴリズム）を核として，その核の技術に最適な周辺部分の開発にも力を注いでいる．「システム」という概念で一貫して作られる新しいサービスこそが人間の生活環境に革新をもたらすと考えている．

3.4 様々な地域での応用

3.4.1 国内各地での実証運行

オンデマンドバスシステムの機能がサービスとして成立するかどうか検証するため，2006 年から東京大学柏キャンパスがある柏市北部地域において実証実験を開始した．システムやアルゴリズムの改良を繰り返し，2008 年度までに 9 期の運行実験を重ねてきた．また，2008 年度には地域特性が異なる国内 8 カ所で，一般住民や会員を対象とした実証運行を行った．千葉県柏市，大阪府堺市，長野県茅野市，滋賀県守山市，埼玉県川越市，新潟県三条市，長野県生坂村，兵庫県川西市の 8 地域である．表 3.1 に概要を示す．この中の 5 カ所の実験について紹介する．

表 3.1 2008 年度実験の概要

	日数	時間	運賃	土日	特徴
柏市	96 日	12 h	無料	×	東大柏キャンパスエリア（システム検証地域）
堺市	30 日	8 h	無料	○	電気バス車両利用
茅野市	50 日	10 h	無料	×	BDF バス車両利用
守山市	44 日	10 h	無料	○	電気バス・ディーゼルバス車両利用
川越市	1 年間	6 h	無料	×	医療サービスの一環
三条市	90 日	10 h	200〜500 円	×	エリア料金制
生坂村	56 日	8 h	100 円	○	路線バスとの乗継ぎ考慮
川西市	60 日	10 h	300 円	○	高齢化した団地住宅地域

a. 柏市北部地域における実験

(1) 地域の特長　東京都心から35 km程度離れた，緑豊かな自然に恵まれた住環境地域である．つくばエクスプレスの開業後，駅周辺の開発は急速に進んだが，駅から離れた地域では公共交通機関の不便地域として残されるところが出て，地域の生活利便性の格差が広がっている．バス路線が少なく，バス停から離れた地域ではバスを利用しにくい状況にある．また，駅と周辺住宅地域とを結ぶバス路線は，日中は20分以上運行間隔が開くこともある．このため，駅から離れた地域では，自家用車を利用する場合が多く，自家用車の利用率は自分での運転と家族による送迎を合わせると，買物や通勤通学で40〜50%，高齢者が多い通院でも30%を占めている．さらに，東京大学などの教育機関や，同地域を通る常磐高速道路（柏IC），国道16号沿いに工業団地が立地しており，通勤通学時はもとより日中の移動ニーズも少なくない（図3.19）．

このような状況のもと，都心への移動の乗継ぎ拠点となる鉄道駅や，開発が進む駅周辺の商業施設や病院，学校などの生活の基盤となるサービスを住民や通勤通学者のニーズに合わせて利用できるよう，日常的な利便性の高い生活交通手段

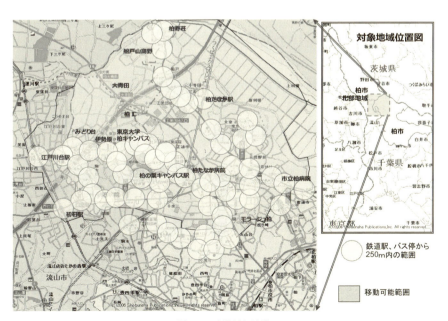

図3.19 実験対象地域

の導入が必要となっている．

(2) 実験の特徴

ⅰ．開発したオンデマンド交通システムやサービスの検証が大きな目的の1つである．

ⅱ．高齢者住民と通勤通学者が共存する地域である．

ⅲ．セダン型のタクシー車両を主に利用して運行した（図 3.20）．車両を区別するためマークを貼った（図 3.21）．

ⅳ．東京大学の通勤通学移動に対応するため，朝夕の時間帯は必要に応じてシャトル運行を実施した．

ⅴ．病院や商業店舗とのサービス連携やタクシー業務との連携による事業性の検討を考慮した．

ⅵ．利用者の移動特性をもとにした個別適合型の予約提案や，競合する複数の移動手段を効率的に組み合わせた移動手段選択サービスを検証した（図 3.22）．

(3) 実験の結果　2008 年度の 5 カ月間にわたる実証実験では，長期間の運行によりシステムやサービスの有効性や安定性が評価できた．得られた結果をいくつか示す．

ⅰ．運行開始から 3 カ月間で利用者数は徐々に増加した．96 日間の実験期間中に，11,744 デマンド，延べ 15,451 人に利用された．

ⅱ．輸送事業者は，新車載機端末の利用によりスムーズな運行が可能であった．

ⅲ．既存公共交通機関による移動が難しい経路の活用も多かった．

ⅳ．好きな時間に乗車できる点，予約が簡単にできる点，バス停が多い点に対する評価が高かった．

図 3.20　オンデマンドバス車両

図 3.21　オンデマンド交通マーク

3.4 様々な地域での応用

図 3.22 移動手段選択サービス

ⅴ．一方で，予約が必要な点，必ずしも希望の時間に予約が取れるとは限らない点を不満とする声があった．

b. 堺市における実験

自動車依存率の低い社会に導くことを目的に，電気バスを利用した最適交通システムを検証した事例である．「平成20年度低炭素地域づくり面的対策推進事業」における交通対策の一環として，堺市中心部・旧環濠内で運賃無料にて1カ月間1日8時間運行の実証実験を行った（図 3.23）．

［主な特徴］
 ⅰ．地元NPO法人が中心となって社会実験を推進した．
 ⅱ．30日間の実験期間中に，719デマンド，延べ1,331人に利用された．
 ⅲ．地元住民が主な利用者であり，幅広い年齢層に利用された．
 ⅳ．エリア内には，仁徳天皇陵や南宗寺などの観光地があり，ホテルでの一般

図 3.23 堺市実証実験運行地域

客の予約利用も可能であったため,休日には平日と異なり,観光地利用の移動が見られた.

 v. ディーゼルバスと電気バスの両車両を走らせることで,CO_2 削減効果を測定した結果,削減率は 74% であった.

 vi. 実験で得られた結果をもとに,対象地域における最適交通システムをシミュレーションし,交通分担率を算出した結果,現状の CO_2 排出量の 28.4% に相当する量が削減されると推定された.オンデマンドバスシステムによる効率的な運行と電気バス導入により,高い CO_2 削減効果があることが示された.

c. 守山市における実験

中心市街地の活性化のため,市全域から中心市街地への交通の便を向上させることが守山市の課題となっている.そこで,低環境負荷で市民の誰もが使いやすい移動手段の確保と,交通事業者にとって持続可能なビジネス形態を検証するため,運行実験を実施した.

[主な特徴]
 i. 利用者は主として守山市民である．
 ii. 運行エリアは守山市全域である．
 iii. 44日間の実験期間中に，予約件数1,286件，延べ1,793人に利用された．
 iv. 全デマンドの半分以上が，1.0〜2.9 kmの移動であった．
 v. 最も評価が高かったのは，好きな時間に乗れる点である．
 vi. 利用目的で最も多かったのは，通院である．
 vii. 駅を到着地とした利用が多かった．
 viii. 電気バス（図3.24）とタクシー車両を利用した．

図3.24 電気バス車両

d. 茅野市における実験

茅野市では，持続可能な茅野循環社会モデルの構築を目指している．「平成20年度低炭素地域づくり面的対策推進事業」の一環として，地域のマイカーによるCO_2排出量の削減，石油由来燃料の代替燃料（BDF，バイオエタノール）の利用促進を目的に実証実験が行われた．

[主な特徴]
 i. 通勤通学用，観光・別荘地移動用，福祉用，バイオ資源収集車の代替輸送と，複数の役割をもつ．
 ii. 50日間の実験期間中に，延べ650人に利用された．

e. 川越市における運行サービス「いどばた号」

高齢者や障害者の足の確保の要望が強い地域であり，医療機関の交通サービス

として，医療法人および社会福祉法人が会員通院者に利用を限定して運行を行っている．利用者の平均年齢は70歳代である．高齢者が自分自身でも予約できるよう，施設に高齢者簡単予約端末を設置するとともに，施設の職員が予約サポートを行っている．サービス連携として，今後の発展が期待される（図 3.25）．

図 3.25 運行車両いどばた号

3.4.2 今後のインフラのセンサとしての可能性

a. 道路インフラの IT 化

近年，道路交通の安全性，効率性，快適性，利便性を向上させるため，道路インフラの IT 化が進められている．代表例として，VICS（道路交通情報通信システム），プローブ情報システム，AHS（走行支援道路システム）がある．

VICS は，道路に設置された速度センサ等により交通情報を生成し，渋滞などの交通情報を車両に搭載されたカーナビに提供している．

プローブ情報システムは，自動車を走るセンサとして渋滞状況や天候の変化，危険箇所などの情報を集める仕組みである．プローブ情報とは，車両を通じて収集される位置・時刻・路面状況等のデータであり，加工して渋滞情報等を得ることができる．多くの車両からプローブ情報を収集することにより，より精度の高い道路交通情報が提供される．

AHS は，道路と自動車が協調して安全な走行を支援するシステムである．道路上に設置されたセンサや小電力レーダーが車間距離を監視し，運転者への危険警告や安全な距離を維持するよう自動制御を行う．

このように，IT の活用は単なる道路管理業務の効率化，高品質化にとどまらず，

道路管理や利用者サービスの新たな展開を可能とするものになっている.

b. 道路や車の流れのセンシング

ITの発展により,車両へのGPSや通信端末の搭載が進んでいる.オンデマンドバスにもGPS機能付き車載器が搭載されており,位置情報やバス停での乗降イベント情報がサーバに送信される.このため,運行車両の走行距離や各時刻における位置や速度が計測できる.

道路交通情報は,車両感知器,光ビーコン等,道路に設置された装置により収集可能である.しかし,主に断面データであり,設置できる場所の数にも限度がある.車がセンサとなることで,情報量は飛躍的に増大する.これらの取得されたデータを統合することにより車の流れがセンシングできる.

オンデマンドバスでは,バス停間の移動時間を計測して学習している.正確な運行時間の見積もりは,運行計画の作成において必須である.また,時々刻々の位置・速度情報は,最寄りバスの選択やバス運行情報の提供に不可欠である.これらの情報は,道の混み具合も反映しており,道路情報としての活用も可能である.

c. 人の流れのセンシング

オンデマンドバスは会員予約制での運行のため,オンデマンドバスを運行することで,人の移動情報がデータベースに蓄積される.オンデマンド交通システムに蓄積されるログデータを分析することで,地域における人の移動を把握できる.個人ごと,属性ごと,全体として,また曜日ごと,月ごと,全期間を通して,人の流れを可視化できる.登録された属性情報をもとに,性別や年齢ごとの移動の状況を見ることもできるため,調査ツール・広告ツールとして活用できる.誰もが暮らしやすい安心・安全な都市設計のための調査ツールとして,ターゲットを絞ったマーケティングツールとして,その利用範囲は広い.

従来,地域における人の移動の調査はパーソントリップ調査によって行われてきた.この方法はランダムに選出された家庭にアンケート用紙を配布し,1日の移動記録を記入してもらい,人手で分析している.しかしアンケート回収が容易ではなく,データのサンプル数が少ない,データ分析に時間がかかる,調査頻度が少ないなど,問題点も多い.オンデマンドバスの利用ログデータはこれらの問

題をクリアしており，人の流れ情報を容易に取得することができる．

各地で実施した運行実験からも，地域ごとに特有の人の流れが抽出できた．柏市北部地域では，自宅からのバス路線がない病院や高齢者施設，商店に向かう高齢者の姿が明らかになった．堺市旧環濠内では，休日に観光地に向かう人が増加する様子が確認できた．このように各地で情報の収集が進めば，地域内での移動状況にとどまらず全体としての人の流れの把握も可能になっていく．

3.5 社会を支えるシステム

3.5.1 データベースに保存された情報を利用したサービス

オンデマンドバスシステムのデータベースには，バスの運行に必要な情報や，運行によってどんどん蓄積されていく情報が保存され運行に生かされている．これらデータベースをバスの運行のためだけでなく別の目的で2次的利用を行うことにより，単なるバスの運行という公共交通システムの機能だけでなく，他に多様なサービスを提供できると考えられる．そこで，まずデータベースに保存されている情報を紹介する．

3.5.2 データベースに蓄積されている情報

オンデマンドバスシステムのデータベースには，大きく分けて以下の顧客情報データベース，予約情報データベース，運行情報データベース，バス停情報データベースの4つが存在し互いに結びつき合わせることにより用いられている．

(1) 顧客情報データベース　顧客情報データベースには，予約の際に個人の特定に必要なユーザー番号とパスワードの他に，氏名，生年月日，性別，電話番号，メールアドレス，さらに介護・車椅子の必要性など個人の特性を表すアンケートの結果などを保存することができる．この保存されている個人特性により，車椅子対応の車両を配車するといったことを自動で行うことができる．

(2) 予約情報データベース　予約情報データベースには予約をした利用者のユーザー番号と出発地と目的地，出発時刻に加え，予約をした日時，予約のキャンセルをした日時などが保存される．上記の顧客情報データベースとユーザー番号によって照合することができる．

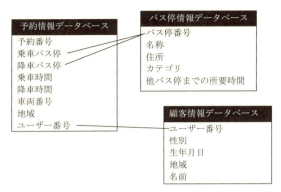

図 3.26　データベースの項目と構造

(3) 運行情報データベース　　移動情報データベースは出発地と目的地，さらに実際にバスが移動するのに要した時間を時間帯ごとに分類し保存することで，正確な移動時間の予測を行うことができるようになる．また，このデータベースには学習機能が組み込まれており，バスの運行回数が増えることで，より正確な運行時間を見積もることができるようになり，バスの遅延を減らすことができるようになる．

(4) バス停情報データベース　　バス停情報データベースには，バス停の乗降りに使用されるバス停の位置を特定する住所と緯度・経度に加え，バス停のカテゴリ情報が保存される．このカテゴリとはバス停の置かれている場所を分類するものであり，たとえば駅・診療所・郵便局といった数種類のものがあらかじめ決められており，1つのバス停に1つのカテゴリが割り当てられる．このカテゴリは予約の際にユーザーが目的地を選択する際の補助に用いることができる．

(5) データベースの構造　　上記のデータベースは互いに組み合わされることで用いられるが，その結びつきについて図 3.26 に示す．

3.5.3　ログを利用したサービスの例

a.　予約提案サービス

オンデマンドバスを利用するためには，利用のたびに毎回予約を行う必要がある．この予約を行うことで自分の好きな時間に自由に移動を行うことが可能となっているが，通勤・通学など同じ移動を日々繰り返すことも多く，そのたびに予約を行うことは非常に手間がかかる．そこでこの予約の手間を軽減するために，

予約の提案サービスといったものがある．この予約提案サービスとは，データベースに蓄積されている予約情報からユーザー1人ひとりの移動パターンを抽出することにより発着バス停だけではなく移動する時間帯までをも推測し，ユーザーが予約サイトにログインした際に予約の提案を行う，もしくはメールで予約の提案を行うサービスである．ユーザーは画面をクリックするだけもしくは送られてきたメールに返信するだけで，予約を簡単に行うことができる．ここで課題になってくるのは，提案する予約内容をいかにユーザーのニーズと一致させるかということである．現在までの実証実験によると，ユーザーの移動パターンを抽出する際に天気情報や曜日をも考慮することによって，よりユーザーのニーズに合った予約提案を行うことができ，予約が受容される割合が高くなることが示されている．

またこの予約サービスを運行側からとらえると，運行効率の改善に用いることも可能である．つまり乗合いがあまり起こっておらずバスの定員に余裕がある場合に，予約提案を行うことでバスの乗合いを増やし運行効率の向上を図ることができる．

b. 見守りサービス

前述の予約提案サービスと同じように，データを蓄積することでユーザー1人ひとりの行動パターン，つまり「いつものふるまい」を得ることができる．その抽出された「いつものふるまい」と「今のふるまい」との差分を考えることで，今のふるまいが「いつものふるまい」なのか「異常行動」なのかを検出することが可能である．オンデマンドバスから得られる人のモビリティデータから「いつものふるまい」を抽出しておくことで「異常行動」を検出し，子供や1人暮らしの老人の見守りサービスといった安心を提供するサービスを実現することができる．その実現事例を以下に示す．

たとえば，オンデマンドバスの個人登録データから「1人暮らしの70歳の老人」というデータがあり，利用データの分析から「火曜と水曜には朝8時ごろにA病院に向かう」といった「いつものふるまい」を抽出できているとする．このとき，今のふるまいとして「火曜日の午前8時30分を過ぎているにもかかわらず連絡がない」とあれば，「異常行動」と認知し安否確認の連絡を本人と家族に取ることが可能となる．

c. バス情報提供サービス

バス情報提供サービスでは，GPSによって得られたバスの現在位置を地図上に表示させるだけでなく，現在の乗客数，過去の運行ルートと現在入っている予約と運行予定ルートを確認することができる．このサービスを利用することによって，ユーザーが予約の取れやすい時間帯をあらかじめ推測することできる．また，運行を管理する側にとっては運行実績の確認に用いることができる．

3.5.4 蓄積されたログの都市設計への応用

これまで述べてきたサービスはユーザー1人ひとりに対して蓄積されたログを抽出した個人適合サービスである．それに対してここでは，蓄積されるログをマクロな視点で見ることによって可能となるサービスとして，都市設計への応用について述べる．

オンデマンドバスの運行期間が増え，運行エリア内に住む人の多くがオンデマンドバスを利用するようになると，蓄積されたログをマクロな視点で見ることによって，街全体の人の動きを見ることができるようになる．

a. パーソントリップ調査との比較

従来人の流れを調べるためにはパーソントリップ調査が主流であるが，オンデマンドバスの運行ログを用いるメリットについて考える．

まず最も大きなメリットとして，データを得るためにかかる費用・手間がかからない点をあげることができる．パーソントリップ調査は，アンケート形式で各個人にいつどのような交通機関を使ってどこに行くのかといった内容を記入するため，調査用紙の印刷・配布・回収・分析といった一連の作業を行うために多くの費用と人手を要する．またそのため調査開始からデータを作成するまでに長い期間が必要になってくる．一方オンデマンドバスの運行ログを用いた場合であれば，データベース上に蓄積されているため，新たにデータを集めようとする必要がなく費用・手間はまったく必要とされない．

その他にも，曜日ごとの人の動き，時間帯ごとの人の動きの変化の様子も容易にわかることなどもオンデマンドバスの運行ログを用いるメリットにあげることができる．

b. 蓄積されたログによるモビリティセンシングの例

図3.27は柏市で平成20年度に行ったオンデマンドバス実証実験における20歳代の若年層と65歳以上の高齢者のそれぞれのログを抽出し，地図上に移動を線分で表したものである．図のように非常に多くのトリップパターンが存在していることがわかる．

また，20歳代の利用者は学生がそのほとんどを占めているため，学校を発着とする移動が多く見られ，高齢者の移動には高齢者が多く住む住宅地や老人ホームを発着とする移動が多く見られるため，若年層と高齢者という年齢で分けた場合にトリップパターンに違いが出ていると考えられる．

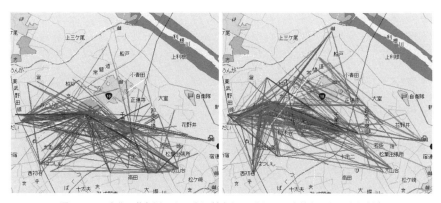

図3.27 20歳代の若年層の人の動き（左）と65歳以上の高齢者の人の動き（右）

c. 都市設計への応用

上記のように特定の利用者層の人の動きを抽出するができるため，都市設計を考える際にこれらの情報は非常に有用である．都市設計を考える場合には利用者の利便性などを含め様々な指標が考えられるが，ここでは利用者が時間的に最も近い施設を選択すると仮定する場合に，すべての利用者から施設までの平均移動時間が最小となるような場所にp個の施設を建設するp-median問題と呼ばれる問題を考える．

p-median問題では施設の建設できる位置は乗降に用いられているバス停に限られるが，エリア内に設置できるバス停の数に限りはないため，バス停の数を増やすことにより正確な結果を得ることが可能である．

ここで，柏市で行われた実証実験でのログを用いて，実験エリア内に新たに2つの商業施設を建設する場合の計算例を示す．

(1) p-median 問題としての定式化　　1つのエリア内に設置されたすべてのバス停の集合を $B = \{1, \cdots, 429\}$，エリア内に存在するバス停の置かれた商業施設の集合を $S(\subset B) = \{1, \cdots, 47\}$ とする．

ここでバス停 $i \in B$ から商業施設 $s \in S$ への移動回数を d_{is} とし，バス停 i から商業施設へ向かう人数の合計 D_i は，

$$D_i = \sum_{s \in S} d_{is}$$

と表すことができる．

このとき以下のように定式化を行う．

①決定変数

$$X_j = \begin{cases} 1 : 施設を j \in B に建設する場合 \\ 0 : 建設しない場合 \end{cases}$$

$$Y_{ij} = \begin{cases} 1 : i \in B の需要を j \in B に割りあてる \\ 0 : 割りあてない \end{cases}$$

②制約条件

$$\forall_i \left(\sum_{j \in B} Y_{ij} = 1 \right) \tag{1}$$

$$\sum_{j \in B} X_j = p \tag{2}$$

ここで，(1) 式は，バス停 i を出発地とする利用者は，バス停 j の地点に新規にできた商業施設を利用することを示す．

また，(2) 式は，ちょうど p 個の商業施設を新たに建設させることを示す．

③目的関数

$$\text{Minimize} : \sum_{i \in B} \sum_{j \in B} D_i T_{ij} Y_{ij} \tag{3}$$

ここで T_{ij}：バス停 $i \in B$ からバス停 $j \in B$ への移動時間である．

(3) 式は，既存の商業施設を利用している乗客が，新しく建設する商業施設のうち最も近いものを利用すると仮定したとき，その平均移動時間を最小化することを示す．

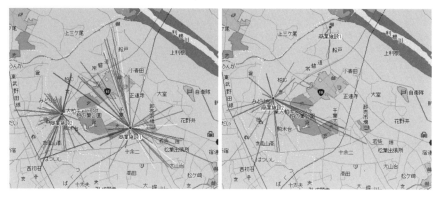

図 3.28 全年齢のログを用いた場合（左）と 65 歳以上のログを用いた場合（右）の計算結果

(2) 計算結果　商業施設を目的地とする移動のうち，すべての利用者のログを抽出して用いた場合と 65 歳以上の高齢者のログを用いた場合（図 3.28）で，上に定式化を行った p-median 問題を解くと以下の結果になった．ただし，今回は $p=2$ とする．

図の線分は，オンデマンドバスを用いて商業施設へ移動したことがある人が，新たに建設する商業施設のうち時間的に最も近い方を選ぶ場合の移動の軌跡を示したものである．図からわかるように，年齢層を変えることで施設の建設位置はまったく異なる結果となることがわかる．このように施設のターゲットに合わせた都市設計を行うことが可能である．

また，平均移動時間は全年齢のログを用いた場合では元の 12.3 分から 6.9 分へ減らすことができ，65 歳以上の高齢者のみのログを用いた場合では元の 11.6 分から 6.2 分に減らすことができる．

3.5.5　その他のサービス

a.　公共施設・サービスとの連携

私たちの生活にはオンデマンドバス以外にも，病院をはじめとして既存の予約のシステムが多数存在している．これらの予約システムとオンデマンドバスの予約システムを結びつけることによる新たなサービスを導出することが可能である．

たとえば，インターネットを通じて映画の予約を行った場合，上映開始時刻に間に合うように自宅から映画館までの行きのバスと，終了時刻に合わせた帰りの

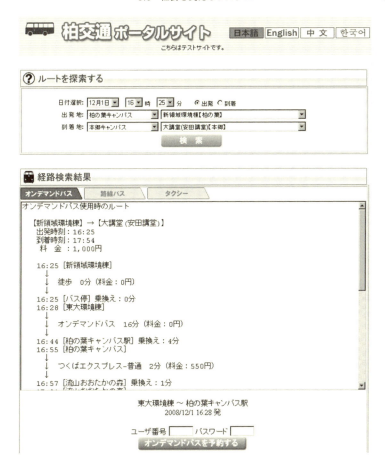

図 3.29 「相互乗換え案内サービス」

バスが同時に予約できる．

　また，前述した予約提案サービスと組み合わせることにより，公民館などで開催されるイベントの告知，レストランやスーパーの広告や割引券などを予約提案メールに組み込むことでバスと相互の利用促進を図ることが可能である．

　このように他の既存の公共施設・サービスとの連携を行うことにより，ユーザーの利便性向上だけでなく，事業者側にとっても大きな利益につながると考えられる．

b. 他の交通機関との相互乗換え案内サービス

電車の乗換え案内サービスでは，出発地の駅と到着地の駅に時刻を指定することで，瞬時に JR や私鉄などの乗換えの案内を表示する．このような電車の乗換え案内サービスにオンデマンドバスの利用を含めた総合的な乗換え案内サービスが考えられる（図 3.29）．既存の電車の乗換え案内と同じように，複数の経路を表示し最も早く到着する場合，最も料金が安くなる場合，乗換えが少ない場合などユーザーが経路を選択できる．

このサービスによって自宅をオンデマンドバスで 9 時に出発し，9 時 20 分に A 駅に到着し，9 時 30 分の快速に乗って目的地の最寄り駅である B 駅に 9 時 50 分に到着するといった，自宅から目的地までの経路を 1 つのポータルサイトで検索することができる．また，この乗換え検索の際に表示されるオンデマンドバスの予約も同時に行うことが可能となる．

3.6 技術と学術と社会

3.6.1 アルゴリズムや ICT の適用

公共交通を含め，人の暮らし・社会を変化させようとしたとき，対象地域の人々の暮らしのパターンをとらえ，利便性は高く，環境負荷は小さく，社会に受け入れてもらえる新しい暮らしのパターンを創り出すというシナリオが考えられる．このとき，社会をセンシングするための情報技術・ICT，また社会そのものを指し示すセンサから得られたデータを処理する技術が重要となる．ここでは関連する要素技術とその応用について述べる．

a. 社会センシングの技術

オンデマンド交通は利用者の出発地，目的地を把握して交通サービスを提供しているため，その利用データは地域社会のセンシングともいえる．3.3 節や 3.4 節で述べてきたオンデマンド交通システムにより 3.5 節で述べたデータベースが整備され，たとえば図 3.30 のようなデータを得ることができる．データを取得する技術としては，情報システムを利用して利用者の出発地・目的地の位置，また移動希望時刻を管理することで実現される．このデータは対象地域の住民が好んで

3.6 技術と学術と社会

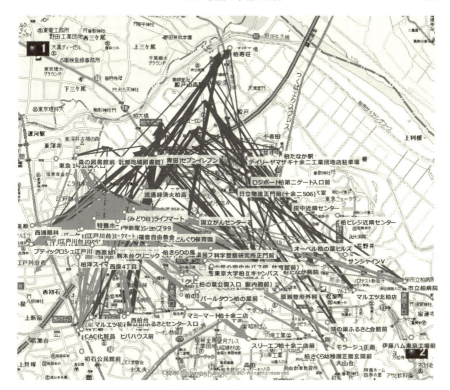

図3.30 柏の移動パターン

移動する先をどのように配置すれば，よりよい街づくりが可能になるかに活用できる．また，オンデマンド交通で利用している車両は，GPSによる車両位置測定や携帯情報端末を用いた車両および乗客の乗降情報の管理を行っている．この運行車両からの情報は，運行の定時性の確認と利用者への情報提供を行って利便性の向上を図っている．

データを記録すること自体は，ここでの例のように従来の情報技術を組み合わせることで実現できるが，そのデータをどのように活用するのかについては個別の事例で設計していく必要がある．高度なサービスを実現するための要素技術としてはデータマイニング，パターン認識，確率モデルなどがあげられる．

b. データを活用する技術

公共サービスなどを含めた施設の最適配置については，表3.2のように問題が

分類される．詳細な技術的内容は 3.5 節に示した．この例のように，得られたデータから都市を設計するには，たとえば乗客の乗り降りに用いられるバス停を需要点・施設立地候補点とする p-median 問題を解くことで，病院を建設するのに最適な地点を求めることが可能である．社会の変化には必ず交渉が発生するため，p-median 問題として定義することにより計算される定量的な指標は，スムーズに合意形成するために不可欠なものである．

表 3.2　施設配置問題の分類 [4]

	総移動距離の最小化	最も遠い利用者の移動距離の最小化
連続型	ウェーバー問題	ミニマックス問題
離散型	メディアン問題	センター問題

メディアン問題とはネットワーク空間における総移動距離（時間）を最小にする点（メディアン）を求める問題であり，センター問題とはネットワーク空間において最も遠いノードからの移動距離（時間）を最小にする点（センター）を求める問題である．とくに p-median 問題はメディアンを p 個求める問題と定義される．

3.6.2　人の知識を利用する手法

社会を変えるためには，現在行われている状況を正確に把握し，将来あるべき姿を具体的にイメージする必要がある．その実現には現在の実践，および実践に関わっている人々の知識・ノウハウを取り出していく技術が重要となる．もともと知識工学という人工知能の研究分野で発展した知識を扱う手法は，自然言語処理などの要素技術は大きな発展を遂げたものの，人や状況への依存が大きいためその体系はいまだ確立されていない．ここでは交通システムを対象にした知識を扱うシステムを紹介しつつ，インテリジェントな将来の公共交通像を示す．

a.　知識蓄積のニーズ

オンデマンドバスのような高齢者を含む様々な層に提供するサービスでは，サービスを享受する個々人に対して細やかな対応が必要となる．このため社会に実装する上では計算機だけでなく人間による仲介が必要となり，具体的にはオンデマンドバスの予約を受け付けるプロセスは人手による支援が避けられない．車両

の運行計画に関わる部分は情報技術を導入しやすいが,利用者とのインターフェイスは図3.31のように人が介在しているケースがほとんどである.将来においてもまだ計算機が人間の代替をすることは不可能であろうが,人と情報技術が協調することで現在よりも高度な人の支援を行うことは可能と考えられる.この事例を含め,情報システムが対応しきれない部分について担当者が細やかに対応しているその知識をシステム化するサイクルを導入することで,高品質なサービスを安定的に提供することができる.

図3.31 英国のオンデマンド交通の予約電話オペレータ

b. 知識により育つシステム

オンデマンドバスのスケジューリングは非常に多くの場合分けが存在し,人が経路生成している場合には,人間の頭で考える独自の癖や地域独自の評価関数が含まれる.この情報は,地域の要望にあったアルゴリズムの改善に有効であり,この人から得られる解はある前提に基づいて求まる最適解とは異なり,利用者個人個人に対して高品質なサービスを提供するための重要なポイントである[5].

そこでオンデマンドバスの運行スケジュールの管理システムに,人間による判断でその経路を変更し,また経路変更の根拠を入力する機能を新たに開発した.開発したシステムは,運行管理者が運行経路を作成する際に利用する.主に予約表示,予約修正,知識抽出,知識の蓄積をするための4つの機能がある.運行管理者のための予約表示画面を図3.32に示す.予約表示機能は,運行車両に入っている予約を棒線にて確認できる.全体の予約を把握することで,効率的な経路を作成する参考情報になりうる.予約修正機能では,アルゴリズムが作成した運行経路を運行オペレータが精査し,運行経路の改善をするために車両番号を変更で

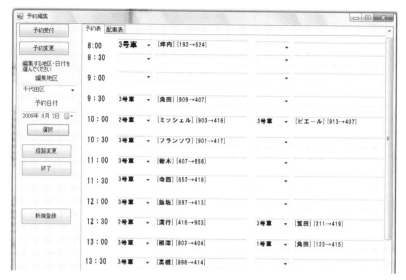

図 3.32 予約表示画面

きる．知識抽出機能では，個別の利用者の利便性や車両全体の効率を上げるために運行計画を修正する際，修正理由を系統化した質問表を表示する．また，選択肢の中に修正理由がない場合，書き加えることができる．これらの機能によって，運行計画の修正内容とその根拠となった理由を合わせて記録することが知識の蓄積機能である．

このアプローチによって，地域依存性の大きいオンデマンド交通という社会サービスの社会実装において，各地へのカスタマイズに必要な要素を運行オペレーションの中から取り出すことが可能となる．

また，東京大学が開発したオンデマンドバスの経路生成を自動で行う情報システムの経路生成ロジックの問題点の発見や，ヒューリスティクスにより個別の利用者へのきめ細かいサービスを実現する個別適合サービスの実現も期待される．

3.6.3 新公共交通による経済効果

公共交通の変化は，地域社会を大きく変えるものである．新たな公共交通を導入することは，住民の日々の暮らしの中で発生する移動時間や，導入された地域の地価など生活に密接したパラメータを変更することともいえる．

ここでは，柏市北部へのオンデマンドバス導入による経済効果の予測について

考える．経済効果の予測には，ヘドニックアプローチという地価の増分を経済効果とする手法を導入した．

a. 経済活動の予測手法

地価関数を推定するには，たとえば時間犠牲量である一般化費用を用いることができる．一般化費用を算出するために，路線バス，徒歩，自家用車，自転車，タクシーといった交通手段の選択モデルを構築する．具体的には，各交通手段の一般化費用を算出し，その中から最小一般化費用を決定するモデルを構築する．この最小一般化費用を，地価の説明変数の1つとして組み込み，回帰分析を行う．その上で，オンデマンドバスを導入したモデルにおいて，最小一般化費用を再度算出し，上で求めた回帰式にこれをあてはめることで，地価の増分とすることができる．

b. 予測結果とその活用

2005年度に国土交通省が発表した地価公示のデータを用いて，柏市へのオンデマンドバス導入による経済効果の予測を試みた．まず現行の路線バスと電車によるアクセシビリティ指標を算出した上で地価関数を推定し，次にオンデマンドバス導入による経済効果を分析した．

この前提において，オンデマンドバスの待ち時間，乗車時間，運賃の設定を行う必要がある．待ち時間については，利用者の需要に応じて運行するというオンデマンドバスの性質から理論上0とし，乗車時間はカーナビゲーションシステムに使われるようなシミュレータから出発地と目的地の間の移動時間を計算することで得られる．利用者の効用を考慮すると，いずれのケースに設定した場合でもオンデマンドバスを利用した場合の一般化費用が現時点での最小一般化費用を下回っていなければ，利用者はオンデマンドバスを利用しないといえる．オンデマンドバスを利用する場合の一般化費用が，現時点での最小一般化費用と等しくなるような運賃設定を「限界運賃」と呼び，限界運賃を地点ごとに算出する．

このアプローチにより移動にかかる一般化費用が変化し，たとえば以下の図3.33の中の○で示したエリアはオンデマンドバスの導入により最寄り駅が変更になる地点である．一般化費用の変化分が求まるため，地域の地価の変動および経済効果が算出できる．定性的には最寄り駅が変更になったエリアや，もともと

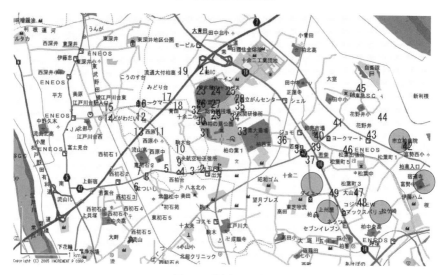

図 3.33 最寄り駅の変化

交通不便であった地域への経済効果がとくに大きいと考えられる．経済効果が新交通導入に必要な初期投資を回収するのに十分な規模であれば，導入に向けた投資を行うべきであろう．

3.6.4 技術と学術と社会の変化

技術では最適化手法などすでにツールとして確立された手法にさらに磨きをかけること，学術では人の活動の中から知識などを抽出していく手法を確立するといったまだ明確になっていない方法論を体系化すること，がこれからの世の中では望まれている．そして，技術と学術の進歩は社会の変化を目指すものである．社会には様々なステークホルダーが存在し，社会の変化は一部の人々には望ましいものであり，他の人々には望ましくないものである場合がほとんどである．しかし，本節で述べた方法論や事例は，変わった後の社会を具体的に説明するための道具であり，社会の変化についてステークホルダーが交渉するのに必要な情報を提供する方法を示唆するものである．

3.7 おわりに

　本章では環境創成の一部として交通環境を取り上げ，東京大学で開発したオンデマンドバスシステムの内容とその可能性について述べた．
○これからも少子高齢化が進む中で公共交通機関等の社会的インフラは維持できなくなる．その中で効率的で，便利な新しいシステムを作り出すことが環境創成ということになる．
○オンデマンドバスは，これまでの公共交通機関という概念を超えて，人が様々なサービスを受けるために移動するための基盤となることができる．
○しかし，そこまでには様々な検討課題がある．システムはできあがっているが，その実利用に向けてはその設計手法の開発や事前の導入実験なども必要である．また，現在ある交通事業と調和して進めていくことも重要な課題である．これらは，これまでの機械工学，通信工学，交通工学といった個別の学術分野では対応ができず，様々な分野の様々な知識を利用することによって，新しい環境創成ができる．これは，現在の人間社会が抱える問題を解くための学術組織の再編の一例ともいえる．つまり，旧来の工学部的体制ではなく，これらを超えた新領域が取り扱うべき分野であるといえる．
○このようなシステムを一括して取り扱う分野がないということは，環境問題・エネルギー問題にも共通していえることである．環境創成というキーワードは，東京大学の環境学の象徴的な言葉であるけれども，その意味内容は領域を超えて新しいソリューションを作り出すことである，といえる．
○本章ではその具体的な手法として，オンデマンドバスを示したものである．このような小さなシステムであっても，さして新技術を用いているわけでもないが，意外に大きなインパクトをもち，社会の改変に貢献することができよう．
○システムの作りようというのは，新しい技術ということよりも，既存技術の組合せによって新しいサービスを開拓し，そのことが環境創成につながっている．
○本システムは実証実験をほぼ終了した段階であり，これから実用化に向けて動き出す．その過程の中で様々な課題とともに，様々な応用範囲が見つかるはずである．インターネットが行き渡った日本のような社会では各戸にオンデマンドバス用の予約端末を配置することも考えられる．

○また，今後海外での展開も考えており，たとえばアジア，欧米，それぞれの都市の構造や文化の違いを超えて利用することを考えている．英国等ではオンデマンドバスを受け入れる素地があるようである．それは，環境保全等のために多少の不便さも我慢するといったような文化的変化が人々に受け入れられていることによる．新しいシステムの問題は，今後は文化あるいはヒューマニズムに結びついていくことになる．

○小さなシステムを用いた環境の創成が文化を変え，社会を変えていくことになる．そうすることによって，人間が豊かな社会を作り出すということになるはずである．今後はそのような観点でシステムの整理を行っていきたい．

4 「見える化」で人と社会の調和を図る
― PHS位置計測と人間情報センシング ―

4.1 PHS位置計測

4.1.1 電波を用いた計測システム

　人間は，地球上において自分のいる位置を知るために様々な方法を考え出してきた．古くは，方位角を知る羅針盤や緯度を測定する六分儀が開発され，地形の目印を利用した地文航法，天体の運行を利用した天文航法とともに使われた．18世紀になると，揺れる船上でも正確な時刻計測が可能なクロノメータが開発され，経度の計測が可能になった．20世紀になると，電波を利用した測位方法が考案された．まず，地上波による双曲線航法である LORAN（Long Range Navigation）が米国で開発された．1960年代には，人工衛星からの電波のドップラシフトを用いる NNSS（Navy Navigation Satellite System）が開発された．これが発展し，現在の GPS（Global Positioning System）に至っている．本章では，屋内外における人や物などの移動体に位置情報を付与するための技術とその応用例を紹介し，とくに PHS（Personal Handyphone System）を利用した測位について掘り下げて説明をする．

4.1.2 通信用電波を用いた測位システム

　電波を利用した測位手段としては，屋外では GPS，PHS，携帯電話などが，屋内では RFID，無線 LAN などが利用されている．この中で，PHS，携帯電話，無線 LAN を利用した測位は，屋内外の両方で測位が可能である（図4.1）．GPSを除き，いずれも通信用に整備された基地局や端末を使用するため，設備投資が安価という利点がある．以下で各手法を説明する．

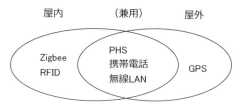

図 4.1 電波を利用した位置計測技術の利用環境

(1) GPS　　GPSは，米国の軍事技術の1つで，地球周回軌道に30基程度配置された人工衛星が発信する電波を利用し，電波発信の時刻と受信機に電波が到着した時刻との時間差や搬送波を解析し，受信機の緯度・経度・高度などを割り出すシステムである．3つの衛星が見えるところでは緯度と経度を，4つの衛星が見えるところではこれに加えて高度を知ることができる．この衛星は米国国防総省が運営しており，高度約2万kmの6つの軌道面にそれぞれ4つ以上，計24個以上が配置され，約12時間周期で地球を周回している．

(2) PHS　　PHSでは，端末で受信した基地局電波の強度と基地局の位置情報により位置を測定する．誤差は基地局の配置間隔に依存するが，都市部では基地局が密に設置されていることから，おおむね100m以下である．端末が小さく消費電力も小さいことが特徴である．

(3) 携帯電話　　携帯電話では，基地局からの電波の強度，または基地局からの電波の到達時間差を計測する方法で測位を行う．精度は，おおむね数十mから数kmである．通常はGPS測位と組み合わせて使用される．

(4) RFID　　RFIDは，情報を記録したICチップとアンテナを組み合わせたタグで，電波を用いて非接触で記録されている情報を読み出すことができる．リーダを建物入口に設置したり，人が持ち運び，タグの位置を検出する．RFIDには，タグリーダからの返信要求に応じて記録されている情報を送信するパッシブ型と，一定間隔で記録されている情報を送信するアクティブ型がある．パッシブ型が電池を必要としないのに対しアクティブ型は電池を必要とする．また，パッシブ型はタグとリーダの距離が数cm程度であるのに対し，アクティブ型は数十m離れても通信が可能である．

(5) 無線LAN　　無線LAN端末は，無線LAN基地局（アクセスポイント）が発信するBSSID（Basic Service Set Identifier．基地局のMACアドレス）を受信する機能を有する．端末がBSSIDと基地局位置を対応づけるデータを保持してい

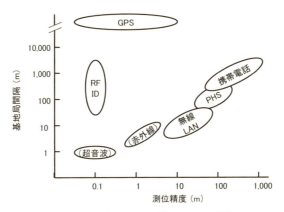

図 4.2 電波を利用した測位システムの精度

れば，BSSID から自己位置を推定することが可能になる．無線 LAN 測位は，屋内のみならず都市部や住宅密集地では，屋外での測位も可能である．

以上の測位システムにおける，基地局間隔と測位精度の関係を図 4.2 に示す．一般に，通信用無線を用いた測位法では基地局間隔が狭いほど精度が高い．GPS は通信用無線ではなく測位情報を含んだ信号を送っているため，基地局間隔によらず精度が高い．

4.1.3 電波を用いた測位法

前項で示した測位システムは，測位対象となる移動端末と固定基地局（GPS の場合は周回衛星）からなり，通信を行いながら移動端末の位置を推定する．同一用途の通信システムであっても複数の測位法が存在し，異なる通信システムでも

表 4.1 測位に用いる通信方式の例

近接基地局（proximity）	携帯電話（誤差：250 m～5 km） PHS（誤差：50 m～1 km）
受信強度（RSSI）	無線 LAN（誤差：3～10 m） 赤外線（誤差：3～10 m）
到達時間（TOA, TDOA）	携帯電話（誤差：50～500 m） GPS（誤差：3～20 m）
方位（AOA）	屋内 UWB 指向性アンテナを用いた受信・追跡
環境記録（fingerprinting）	無線 LAN（誤差：1～5 m） PHS（誤差：10～200 m）

同一の測位法が使われる．表 4.1 に示すように，測位法には，移動端末が通信中の基地局位置を端末位置とする方法（proximity），移動端末が受信した複数基地局の電波強度を利用する方法（RSSI），移動端末が受信する基地局電波の到達時間を利用する方法（TOA, TDOA），移動端末と基地局間の電波の到来方向を利用する方法（AOA），あらかじめ多数の地点で測定した基地局電波データと移動端末が受信する電波の類似度により端末位置を求める方法（fingerprinting）がある．これらの方法について以下に説明する．

(1) proximity（近接）　移動端末が通信を行う，最も移動端末に近接していると思われる基地局の位置を移動端末の位置とする方法である．最もシンプルな方法であるが，移動端末が通信している基地局が最も近接している基地局でない場合や基地局の設置間隔が大きい場合は，測位誤差が大きくなる．携帯電話や RFID による測位に使用されている．

(2) RSSI（Received Signal Strength Indicator, 電波強度）　移動端末が測定する基地局発信電波の電界強度が基地局からの距離に従って減衰する性質を利用し，移動端末から基地局までの距離を推定することにより位置を推定する方法である．電界強度は移動端末の受信信号強度（RSSI）として得ることができる．移動端末から複数の周辺基地局までの距離を推定し，三辺測量などを応用することにより端末位置を推定する．基地局と移動端末の間の建物や地形などにより電波の反射や回折が起こり距離の推定に誤差が生じるので，移動端末位置の特定を行うための様々な方法（最小 2 乗法など）が試みられている．PHS，携帯電話，無線 LAN を利用した測位に使用されている．

(3) TOA（Time of Arrival, 電波到達時刻）　基地局から移動端末に到達する電波の伝播時間を測定し，光速を掛けて両者間の距離を求め，複数の基地局からの距離により移動端末の位置を求める方法である．電波の到達時間を高精度に測定するため，基地局と移動端末に時間の同期と測定用のハードウェアが必要である．

(4) TDOA（Time Difference of Arrival, 電波到達時間差）　3 つ以上の基地局から移動端末に到達する電波の伝播時間差を測定し，移動端末の位置を求める方法である．2 つの基地局からの電波の到達時間差がわかると，基地局と端末の間の距離の差が決まり 1 つの双曲線が得られる．複数の基地局に対して双曲線を求め，その交点により端末位置を決定する．GPS や一部の携帯電話の測位に使わ

れている．

(5) AOA（Angle of Arrival, 電波到来方向）　複数の基地局で移動端末からの電波の到来方向を測定し，方向線の交点により端末位置を求める方法である．TDOA 方式に比べて測位精度は落ちるが，2 つの基地局の受信データだけで測位が可能である．基地局アンテナに指向性をもたせる必要があることと，マルチパスの影響を大きく受けるので，生活環境における適用範囲は狭い．簡便な方法であるので，ラジオテレメトリーと呼ばれる野生動物探査で用いられる．

(6) fingerprinting（環境記録）　移動端末の位置推定を行う場所において，あらかじめ基地局の電波特性（fingerprint）を計測しデータベース化しておき，実際に測位を行うときには移動端末で観測された電波特性に最も近い fingerprint を選び出し，その事前計測位置を移動端末の位置とする方法である．fingerprint として端末受信電界強度やマルチパスによる遅延プロファイル特性，TOA，TDOA，AOA などの情報を用いる例がある．測位時と同じ電波伝播環境で fingerprint をデータベース化できれば，非常に高精度な位置推定が可能である．そのためには，電波伝播が安定している環境において，細かい間隔で計測したデータベースが必要である．

4.1.4　無線を用いた測位の利用分野

これまで紹介した無線を用いた測位方法は，モノや人の位置管理，追跡，ナビゲーションなど様々な分野で利用されている．物流分野においては，パレットやコンテナなどの移動機器の管理，戸口輸送荷物の追跡，配送車の配車などに位置情報が利用されている．この分野の移動体は，屋外・屋内（倉庫や屋根付き車庫など）を問わず移動と停止を繰り返しており，位置管理のための測位システムは屋内・屋外双方に対応できる，PHS や RFID などの通信技術を用いたものであることが多い．物流機器に装着した移動端末は，バッテリー交換などのメンテナンスの頻度が少ないことが求められるということも，位置管理に PHS や RFID が利用されている理由である．

建物内の人の位置管理やナビゲーションにおいては，RFID や無線 LAN が用いられることが多い．これらの測位方法には，位置管理が必要な場所に通信用のアクセスポイントを設けることが必要であるが，限られた敷地内であれば利用可能である．

表 4.2 測位目的と環境

	屋内	(兼用)	屋外
物の位置	・作業カート管理 ・倉庫内荷物管理 ・農産物トレーサビリティ管理	・車両追跡 ・配送車配車 ・物流移動機器管理 ・紛失物・盗難車探索	・高度道路交通システム（ITS） ・公共交通機関 ・車両ナビゲーション
人の位置	・ホテルスタッフ管理 ・医者・ナース管理 ・博物館等施設内案内・誘導 ・プラント作業者安全管理	・行方不明者救助 ・高齢者の事故防止 ・施設，サービス利用管理	・児童登下校時安全管理 ・道案内

　屋外を移動する公共交通の車両位置把握やカーナビゲーションにおける測位においては，屋外に限定した測位では最も精度のよい GPS が利用される．遠隔から位置管理を行う場合は，GPS データを転送するための通信ネットワークの導入が必要である．児童の登下校や徘徊高齢者などの屋外を含む人の位置管理には，PHS や携帯電話が用いられる．PHS や携帯電話などの端末は無理なく個人が所持することができ，屋外・屋内において位置情報がすぐに送信できるからである．一般の携帯電話には位置情報機能以外の機能もあり，バッテリーの寿命が短いが，個人が所持する端末は毎日の充電が可能であるので問題ない．

　公共空間でのサービスで利用されていることが多い RFID 技術を応用したサービス利用管理システムにおいては，利用履歴に位置情報を付加することも可能であり，サービスの強化やマーケティングに利用されつつある．これらのサービスで，パッシブタグを応用したものに電子マネーや電子チケットなどの IC チップが埋め込まれたカード，アクティブタグを応用したものに ETC（Electronic Toll Collection System）がある．

　以上述べた測位システムの利用目的と利用環境を表 4.2 に示す．この表を表 4.1 と対応させることにより，各利用目的においてシステム構築に適用可能な通信システムがわかる．

4.1.5　PHS を利用した測位とその応用

　無線通信を使用した測位システムの 1 つである PHS を利用した測位システムについて，基本となる方式と最近の研究例を解説する．

　PHS を利用した測位システムの長所は，移動端末が低消費電力であること，測位のためのインフラ（アクセスポイント，通信環境）が国内で広範囲に整ってい

ること，屋内外の測位が可能であることである．一方，精度は，基地局の設置間隔に依存するが，数十 m から数百 m であり，常に 100 m 以下の精度が必要な使途には利用できない．したがって，高精度な位置探査は必要ではないが，初期投資と移動端末を含むシステムのメンテナンス頻度を抑えて屋内外を行き来する移動体の位置管理に利用される．物流業界においてそのような需要が多く，荷役機器や貴重品保管ケースの管理に利用されている．

PHS を用いた位置計測方法は，端末で複数の基地局からの電波を受信し，その電界強度を利用して計測する（signal strength 方式）．電界強度は PHS 端末により測定され，RSSI（dBμV/m）として記録後，計算センターに送信され，基地局の緯度経度と RSSI から端末の位置が計算される．RSSI は基地局から端末までの距離と端末の受信感度により決まるので，3 つの基地局からの RSSI が得られれば，端末の緯度，経度，感度が決定される．距離に対する RSSI の減衰特性は，建造物などの反射や回折の影響を大きく受けるので，実際には 4 つ以上の基地局の RSSI と適切な評価関数を用いて誤差を低減している．周囲にまったく障害物のない 3 次元空間において，受信信号強度（パワー）は次式に示すように距離の 2 乗に反比例することが知られている．

$$P_r = \frac{\lambda^2 P_t G_r G_t}{(4\pi d)^2}$$

ここで，P_r(W) は受信信号強度，P_t(W) は送信信号強度，d は送受信機間距離，λ は電波の波長，G_t は送信アンテナ増幅率，G_r は受信アンテナ増幅率である．地面が存在する場合は，地面からの反射波との干渉が生じ減衰が大きくなり，距離の 4 乗に反比例するといわれている．これらの理論値と実測値をもとに，RSSI から基地局と移動端末の距離を推定する方法が多数考案されている．測定誤差は，基地局密度に最も強く依存し，基地局密度の高い都内では小さく，基地局密度の低い郊外では大きい．

PHS を利用した測位の応用研究例を以下紹介する．

a. 記録電界強度による補正

物流において，物流移動機器が移動する可能性のある倉庫や拠点における移動機器の位置管理では，マップマッチングにより測位誤差を補正している．通常は，PHS 測位の最大誤差と同等の 1 km をマッチング範囲とする．この方法は拠点間

隔が 2 km 以下では使用できないため，より高い分解能の拠点判別方法が望まれている．PHS 測位の高精度化の一例として，あらかじめ各地点で記録した PHS 測定データを利用し，測定地点が未知なテストデータと各記録データとの類似性を統計的に評価することで，テストデータの測定地点の判別を行う方法が研究されている[1]．この研究では，PHS を利用した 2 次元（緯度，経度）の測位データに移動端末が測定する最大 RSSI を追加し，測定地点を特徴づけるパラメータを 3 次元に増やし，あらかじめ記録したデータを用いてテストデータの測定地点の推定を行う．その際，テストデータと各地点の記録データ間の類似度をマハラノビス距離によって評価し，最も近い記録データの測定地点への識別を行う．マハラノビス距離とは，ユークリッド距離をデータのばらつき（標準偏差）で除したもので，マハラノビス距離最小の点へのマッチングは，存在確率最大の点の選択に相当する．この 3 次元特徴空間におけるマハラノビス距離を用いた拠点判別の判別精度は，基地局間隔 350 m の場合，95.0%の確率で分解能 50 m が得られている．この方法は，fingerprinting の 1 つといえる．

b. 指向性アンテナによる紛失物探査

個人情報文書などを厳重かつ安全に届けるために，PHS 移動端末が装着された貴重品輸送用ケースの戸口輸送サービスがある．このサービスにおいて紛失事故が発生した場合，PHS 測位では貴重品輸送用ケースの場所を突き止めることが不可能であり，紛失物の存在する部屋などを特定し他の荷物に隠れていても発見できるシステムの開発が必要とされている．10 m 以下の測位精度が必要である紛失物の探索を目的とした，PHS を用いた signal strength 方式による測位と指向性ア

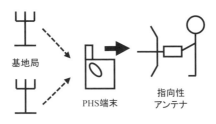

図 4.3　指向性アンテナによる端末探査

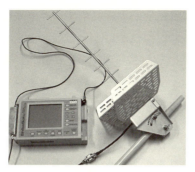

図 4.4 指向性アンテナと受信機

ンテナを用いたテレメトリ探索を組み合わせた紛失物探索方法に関する研究がある[2]．図 4.3 に示すように，従来の PHS 測位と指向性アンテナによる手動位置探査を併用することで，探索者が紛失物位置に到達できる．探索手順は，①従来の測位システムにより移動端末の大まかな測位（RSSI 測位）を行う．②測定された位置へ探索者が移動する．③PHS 移動端末から発信される電波強度を指向性の受信機で測定し，電波飛来方向を求める（AOA 計測）．④電波飛来方向に探索者が移動する．③，④を繰り返し，移動端末が取り付けられた紛失物に達する．

この手法では，指向性受信機による移動端末からの電波受信範囲が，PHS 測位システムの誤差より大きいことが必要である．一般に，建築物が多い環境ほど電波減衰が大きく，伝播距離が短い．しかしそのような地域では基地局が密に配置される傾向があり，RSSI による計測誤差が小さい．実環境で測定したところ，建築物の多い都市部での測位誤差は 100 m 程度，郊外では数百 m に対し，伝播距離はいずれの地域でもその数倍あり，本手法が任意の地域で利用できることが確認された．その際に用いた指向性アンテナと受信機を図 4.4 に示す．大きさ数十 cm で容易にもち運べる．本探索手法は指向性アンテナによる探索の際，人手による現地作業が必要となるが，輸送品の異常・紛失は稀にしか起こらず，その際には回収のための現地作業が必要なため，探索による実効的な作業負担増は少ない．

c. 端末省電力化（ステータスモニタ）

物流追跡システムでは，電池交換・充電を減らすことも重要である．この解決には，端末の低消費電力化が必須である．コンテナやパレットなど物流機器には，停止していることがほとんどのものがあり，停止時は位置探査が不要である．こ

れに注目し，移動端末に内蔵した加速度計で移動による振動を検知し，移動時のみ位置探査を行うことで低消費電力化する研究がある[3]．この研究では，振動から移動を推定するアルゴリズムの開発と，制御回路自身の消費電力を低減するハードウェアの設計を行っている．その際問題となるのは，物流移動機器の振動が機器の形状や移動手段により変化することである．そこで，加速度測定値とPHS測位結果を繰り返し比較し，機器ごとの移動と停止の加速度閾値を決定している．閾値設定後は，PHSによる測位を一定間隔ではなく移動時のみ行うことにより端末消費電力とともに通信コストの削減も試みている．コンテナ，シャーシ，重機の移動時のみの位置管理への適用が見込まれている．

4.2 人間情報センシング

4.2.1 高齢社会と人間情報センシング

　高齢社会の進展により，労働人口の減少と医療費の増大がわが国の経済を圧迫している．この解決には，健康寿命の延長による労働力確保と医療費削減が必要であり，病気になる前に健康状態を把握し日常生活の改善や早期の治療で健康を維持することが有効である．このため，日常生活中で意識することなく健康状態を計測する方法が種々研究されている．この背景には，近年のセンサ，プロセッサの小型低価格化と無線ネットワークの普及により，人体や環境にセンサを多数装着し自動収集することが可能になったことがある．人体装着型は情報取得感度が高く高度な判断が行えるが，装着の煩わしさがあるため，スポーツや病院での検査が中心である．スポーツ用にはポラール社の胸装着型の心拍計や，マイクロストーン社の腕時計型運動センサ（図4.5）[4]がある．後者は，腕の動きを加速度計とジャイロで計測し，消費カロリーの他，歩行，走行，階段昇降，体操，荷物運搬，自転車，食事などの識別もできる．また病院用には，パルスオキシメータや常時装着心電計が利用されている．環境装着型は，装着の煩わしさがないが感度が低いため，長期の活動量変化や行動監視に用いられる．代表例として，東京大学の佐藤らによる独居老人見守りシステムがある[5]．部屋ごとに焦電センサを取り付け，屋内の移動パターンから体調不良による活動量低下が判断できる．緊急通報システムと組み合わせて誤通報の判断に用いられている．

4.2 人間情報センシング

図 4.5 腕時計型運動センサ

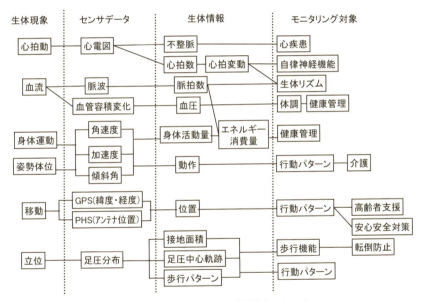

図 4.6 物理センサによる生体情報センシング

　これら常時計測に用いるセンサは，非侵襲，安全，安価でなければならない．最も簡便な方法は，圧力計やジャイロなど工業用や家電用の物理量センサを身につけ，その情報処理により健康状態を推定することである．これら物理センサにより計測可能な生体情報と用途を図4.6に示す．たとえば，心拍動は電圧計で得られる心電図により計測でき，不整脈が発見されれば心疾患が診断される．立位

図 4.7　絆創膏型ライフレコーダのラージモデル

は足裏の圧力センサにより計測でき，そのピーク荷重の大きさや荷重位置から歩行機能の劣化，行動パターン，転倒などが検出できる．

　将来技術としては，MEMSを用いてシステムを超小型化し，人体装着型でありながら常時計測を可能にする研究が進められている．代表的なものとして，前中らによる絆創膏型ライフレコーダがある[6]．気温，体温，脈拍，3軸加速度，湿度，気圧の各センサと，無線通信，情報処理，電源，発電を集積回路化したもので，数 cm 角の絆創膏で装着することを目指している．図 4.7 は，機能検討のために既存部品で製作された長さ 10 cm のラージモデルである．

4.2.2　足圧センサ

　本項では人体装着型センサの具体例として，筆者らが行った靴内に圧力センサを埋め込み，歩行中の足裏の圧力分布を記録する足圧センサを紹介する．足圧がわかると，リハビリの進捗や転倒の検出，さらには歩行異常から姿勢の悪化や血管性痴呆症を検出できる．また，坂道・階段の昇降や歩行走行時間など，生活行動認識も可能であり，行動状態に基づくサービス提供や安全管理にも応用できる．

　足圧測定機器は従来から商品化されているが，床にセンサを置くもの，あるいは大掛かりな靴を用いたもので，詳細な圧力分布を計測できるが日常生活で使用することはできなかった．この解決のため，筆者らは行動認識に目的を絞り，センサ数を低減し小型低消費電力化した．まず，従来の足圧センサで詳細な圧力分布を測り，歩行やしゃがみで圧力が大きく変化する位置が踵，母指球，親指，小指球，ショパール（外足部）であることを確認した．センサをこれら位置にのみ配置し，7個に絞った．またセンサとしては，精度は低いが安価で堅牢な感圧導電ゴムを用いた．図 4.8 に試作したセンサシューズを示す．センサは靴の中敷きに装着され，無線マイコン，電池を羽根（甲の覆い）の下に装着している．データは微弱無線で PC に送信される．

　図 4.9 に歩行と走行におけるセンサ出力を示す．(a) の歩行と (b) の走行で

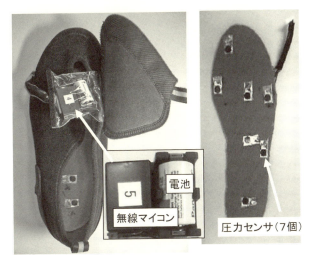

図 4.8　足圧センサシューズ

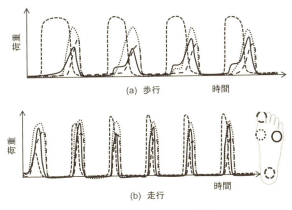

図 4.9　歩行と走行における足圧

は，荷重時間と無荷重時間に大きな差があるため，両者の比により歩行と走行を判別できる．図 4.10 に種々の歩行における荷重変化を示す．(a) の平地歩行では踵で接地し，爪先で蹴り出している．(b) の上りでは，踵の荷重時間が増え，踵で支えている．(c) の下りでは踵の荷重が減り，爪先で荷重を支えている．(d) の高齢者の歩行では，部位および時間による荷重変化が小さく，すり足になっている．以上の他，座り，転倒，自転車こぎなども足圧分布により判別できる．

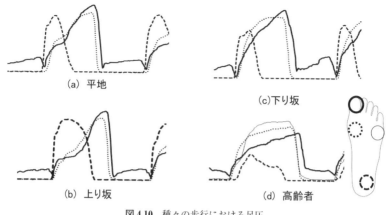

(a) 平地 (c) 下り坂 (b) 上り坂 (d) 高齢者

図 4.10　種々の歩行における足圧

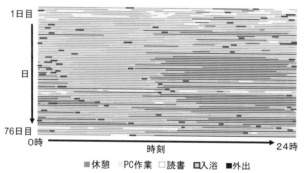

図 4.11　行動パターンの蓄積

4.2.3　記録データによる行動予測

　行動状態を記録すると，未来の行動をある程度予測できる．その1つの方法は，行動順序の規則性を用いるものである．図 4.11 は，1人暮らしの大学院生の 76 日分の行動を記録したものである．行動を休憩（睡眠を含む），PC 作業，読書（PC 以外のデスクワーク全般），入浴，外出に分けている．このデータの前半の 42 日分を使って，後半の行動の予測を行った．まず，ある瞬間の行動が PC 作業であったとする．次の行動が 1 回前の行動により決まると仮定し，前半 42 日分の PC 部分を抽出し，その直後の行動を調べる．その結果，図 4.12 に示すように，休憩が 60 回，読書が 26 回，入浴が 38 回，外出が 30 回であった．これより，現

4.2 人間情報センシング

前の行動		外出	→PC	→入浴	→PC	次の
次の行動	休憩	20	25	25	60	行動は休憩
	読書	6	10	10	26	
	入浴	0	0	0	38	
	外出	0	3	3	30	

図 4.12 前半 42 日分の行動回数と行動予測

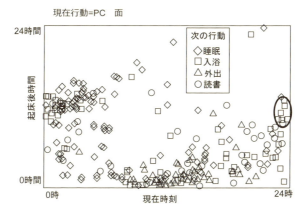

図 4.13 現在時刻と起床後時間による行動予測

在の次の行動は休憩の可能性が高いが，全体の半分以下の確率である．そこで，現在の PC の前の行動を使う．入浴であったため，前半 42 日のうち入浴の直後に PC がくるパターンを選び出し，その次の行動を調べる．すると，休憩が 25 回，読書が 10 回，入浴が 0 回，外出が 3 回であった．これより，次の行動は休憩の可能性が高まった．全体の 25/38 である．さらに 1 回前の行動は PC であった．そこで PC →入浴→ PC のパターンを選んだところ，回数は変わらなかった．さらに 1 回前の行動は外出であった．そこで外出→ PC →入浴→ PC のパターンを選んだところ，次の行動は休憩 20 回，読書 6 回，入浴と外出が 0 であった．これより，次の行動は読書と推定できる．この方法は，人の行動は直前の一連の行動によって決まるという仮定を用いている．

　行動予測の別の方法に，時間，曜日，天候など，周囲条件により決定する方法がある．図 4.13 は，現在の行動が PC である場合の，次の行動，現在の時刻，起床からの時刻をプロットしたものである．たとえば，時刻が 24 時，起床後の時間が 12 時間であると，次の行動は入浴が 6 回あり睡眠と読書が 1 回ずつである．こ

れより，次の行動は入浴と推定される．この方法により，66％の確率で次の行動を予測できた．

このような個人の行動履歴を用いて次の行動を予測する研究は，佐藤らの独居老人の見守り，大和らのオンデマンドバスの予約提案，永井らの自動車のブレーキアシストなどがある．個人の特性を理解して動作する機械が実現でき，個別適合技術と呼ばれている[5]．

5 「運動」を利用して活力のある人間社会をつくる

5.1 超高齢社会における健康問題

　日本は世界一の高齢社会である．65歳以上人口が21％を超える社会は「超高齢社会」といわれるが，日本は2007年に世界に先駆けて超高齢社会となった．人口統計資料集によると[1]，2010年の高齢者人口の割合は，日本は22.96％と増加しており，それに追随するドイツ，イタリアではそれぞれ20.81％，20.29％とまだ超高齢社会には至っていない．

　超高齢社会であることの問題点の1つとして，医療費や介護保険給付費の増加がある．たとえば，2010年度の医療費の総額は36.6兆円であり，過去最高を更新している[2]．1人当りの年間医療費に換算すると，70歳未満では17.4万円/年であるのに対し，70歳以上では79.3万円/年と急増し，その中でも75歳以上だけを見ると90.1万円/年となっている．また，2000年から始まった介護保険での介護給付費も年々増加し，初年度は約3.2兆円であったのに対し，10年経過した2009年では約6.8兆円と，2倍以上にも増加している[3]．

　先の人口統計資料集によると，2030年の高齢者の割合は31.60％，2050年では38.81％と，今後も日本の超高齢化が進行していくことが予想されている．高齢であるから病気がちになる，高齢であるから介護が必要になるといった状況に任せておくと，医療費や介護保険給付費といった社会保障費が国家にとってますます大きな負担となることは明白である．そこで，現在の高齢者をはじめ，将来高齢者となるすべての人が健康で，できるだけ介護を必要としない社会をつくることが急務となっている．

5.2 運動の効果

健康になるためにどうすればよいか．その有力な手段の1つが運動である．過去何十年にもわたり，運動の適切な方法やその効果に関する研究が数多く行われてきた．米国スポーツ医学会は，それらの情報を集約し，運動方法の指針を提示している世界的に中心の組織であるが，そこでは主としてエアロビックエクササイズ，レジスタンスエクササイズ，ストレッチングを実施するよう提唱してきた[4]．

エアロビックエクササイズは，ジョギングやウォーキングのように，数十分から数時間かけて行うタイプの運動である．最高心拍数（220－年齢で概算可能）の60〜90％の強度で，1回当り20〜30分間，週3〜5回行うことを提唱している．提唱されているようなトレーニングを継続的に実施すると，呼吸循環機能が向上し持久力が向上する．安静時血圧が低下し，血中脂質や体脂肪が減少することで動脈硬化のリスクが減少するなどの効果がある．加えて，不安やうつ症状の軽減，幸福感の向上も効果としてあげられている．また近年では，エアロビックエクササイズによって脳機能が改善することも注目されている[5]．

レジスタンスエクササイズは，筋肉に負荷をかけるタイプの運動である．主要な8〜10カ所の筋群を対象に，1セット当り8〜12回の繰り返し動作で疲労に達する程度の強度で，少なくとも週2セットは実施することを提唱している．レジスタンスエクササイズの継続により，筋肉量が増加し筋力も向上する．

ストレッチングには，動的ストレッチング，静的ストレッチング，PNF法などいくつかの方法があるが，一般に広く用いられている静的ストレッチングでは，主要な筋群を引き伸ばされていると感じる程度にストレッチさせ，そのまま10〜30秒程度維持する．同じ筋群のストレッチを3〜5回程度繰り返すとよく，少なくとも週3日は行えるとよいと提唱されている．ストレッチングにより，筋肉や腱といった組織の柔軟性が増し，関節可動域が広くなる．

改めて日本の現状を見ると，たとえば介護が必要となった主な理由は，脳血管疾患（21.5％），認知症（15.3％），高齢による衰弱（13.7％），関節疾患（10.9％），骨折・転倒（10.2％）であり[6]，これらはいずれもエアロビックエクササイズやレジスタンスエクササイズ，ストレッチングの実践によって予防できる可能性の

あるものである．また，2010年度のデータでは，生活習慣病は死亡原因の約6割，医療費の約3割を占めている[7]．疾患ごとの医療費を見ると，高血圧性疾患が1.9兆円，脳血管疾患1.8兆円，糖尿病1.2兆円，虚血性心疾患0.7兆円となっており，これらもまた運動実践によって削減可能なものである．

このように「運動によって健康が得られる」ことは誰の目にも明らかであり，具体的な実践方法も提示されているにもかかわらず，一方で運動を定期的に実施している人の割合が伸び悩んでいるという現状もある．そのような現状に対し，米国スポーツ医学会は，大規模な疫学調査の結果[8]に基づき，「何も運動しないよりは，少しでもした方がよいし，少しの運動よりも多めにした方がよい」との見解を示し[9]，先述のような指針を守ることができないのであれば，まずは少しでも体を動かすよう心がけることを勧める方向へと方針を転換しつつある．根拠となった大規模疫学調査では，身体活動量や体力レベルと冠動脈疾患や循環器疾患のリスクとの間には inverse dose-response relationship があること，すなわち，身体活動量が高いほど，また体力レベルが高いほど，冠動脈疾患や循環器疾患にかかるリスクが低いという結果を示した．同じような身体活動量の inverse dose-response relationship は死亡率，肥満率，2型糖尿病発症率，大腸ガン発症率との間にも成り立つことが報告されており[9]，座りがちな習慣 (sedentary behavior) を少しでも改善する必要性を強調している．そして2007年には，"Exercise is Medicine™" という標語を掲げ，身体活動や運動が疾患の予防や改善に必要であることを世の中に広く普及しようと努めている．

5.3 日本の健康づくり政策

超高齢社会が抱える医療費の増大，要介護者の増加という問題への対策の1つとして，第3次国民健康づくり運動「健康日本21」が2000年からスタートした．これまで，旧厚生省を中心に，第1次国民健康づくり運動が1978年から，そして第2次国民健康づくり運動が1988年から10年単位で行われてきた．第1次国民健康づくり運動では，検診の普及と市町村保健センターの整備，保健師・栄養士の設置といった仕組みづくりに重点が置かれた．第2次国民健康づくり運動では，「運動」を中心に据えた「アクティブ80ヘルスプラン」が示され，運動指針の策定，健康増進施設の設置，運動プログラムの作成および指導を行う健康運動実践

指導士の養成などが行われてきた．

そして第3次国民健康づくり運動「健康日本21」では，介護を必要とせず自立して生活できる期間である「健康寿命」の延伸と生活の質の向上，壮年期死亡の減少を目標とし，それを達成するための手段として，「生活習慣の改善」を提唱している．具体的には，①栄養・食生活，②身体活動・運動，③休養・こころの健康づくり，④たばこ，⑤アルコール，⑥歯の健康，⑦糖尿病，⑧循環器病，⑨ガンの9分野70項目について，たとえば2000年現在，男性の運動習慣者の割合が28.6％であるのを2010年には39％以上にするなど，項目ごとの数値目標を設定している[10]．

このような流れを受けて，②身体活動・運動の分野では，健康を維持するために必要な運動量を新たに見直して「健康のための運動基準」を2006年に提示し，その運動基準に基づき，「健康づくりのための運動指針（エクササイズガイド2006）」[11]を策定した．「健康づくりのための運動指針」では，家事を含め生活の中で少しでも体を動かすことを心がけ，それを積み重ねて身体活動量を増やしていくことが勧められている．これは先に述べた米国での動きと同様であり，エアロビックエクササイズやレジスタンスエクササイズを週にこれくらい実践しましょうという当初の運動指針が実践できなくても，まずは体を動かすことを日常生活の中で心がけていくことが大切であるとしている．また，この年の健康増進普及月間の統一標語として「1に運動　2に食事　しっかり禁煙　最後にクスリ」という，とくに「運動・食事・タバコ」という3つの生活習慣の改善を勧める標語が掲げられた．この標語は2015年現在に至るまで継続的に用いられ，運動することは健康づくりの中心であり，その習慣を身に付けることが大切であることが謳われている．

これらの取組みにもかかわらず，2007年に出された健康日本21中間評価報告書[12]によると，②身体活動・運動の分野では，日常生活における歩数が男女とも目標策定時より低下しており，運動習慣者の割合も1～2％程度で改善しているとはいえない結果となっていた．その他の分野での改善も乏しく，全体として「健康日本21策定時のベースライン値より改善していない項目や，悪化している項目が見られるなど，これまでの進捗状況は全体としては必ずしも十分ではない」という評価ではあったが，運動習慣の普及や定着が難しいことを示す結果となった．

中間報告の結果を受けて，健康日本21は当初の2010年までを2012年までに期

間を延長することとなり，また健康日本21の重点プロジェクトとして「すこやか生活習慣国民運動」が2008年から展開されることとなった．「すこやか生活習慣国民運動」では，「適度な運動」，「適切な食生活」，「禁煙」に焦点をしぼり，生活習慣改善のための行動変容を促すことを目的としている．ここで「適度な運動」実践のために提案されているのは，「運動の習慣づけ」と「歩く習慣づけ」であり，たとえば「毎日10分間のはや歩き」や「週末に40分間のラン」，「毎日10分間のラジオ体操」，「あと10分歩きましょう」といった取り組みやすい具体的な行動例が示されている．さらに，この「すこやか生活習慣国民運動」を普及，発展させるために，幅広い企業連携を主体とした「Smart Life Project」という取組みが2011年から始まった．ここではプロジェクトの趣旨に賛同する企業・団体に，社員や職員に対する啓発活動を行ってもらい，また企業活動を通じて国民の生活習慣の改善を促し，健康寿命を延ばすことを目的としている．Smart Life Projectで提案されている3つのアクションは「Smart Walk, Smart Eat, Smart Breath」であり，運動習慣については，「通勤時に10分間苦しくならない程度のはや歩き」などがその実践例として示されている．

　これらをまとめると，現在の日本では「運動の習慣化は大切だと認識されており，そのための策もとられてきたが，なかなか普及しないという問題がある．そこで，生活の中で少しでも身体活動を増やすことをまず行ってもらえるよう，具体的な行動例が示されている」状況であるといえる．

5.4　生涯スポーツ健康科学研究センターの健康づくり構想

5.4.1　構想の概要

　このような社会的背景を受け，東京大学新領域創成科学研究科・生涯スポーツ健康科学研究センターでは，健康な人をはじめ，体力が低下していたり障害がある人まで多くの人が運動を継続的に実施し，運動の効果を享受できる仕組みづくりをすることを目的として，「超高齢社会における運動継続支援プログラム」を実施している（図5.1）．

　このプログラムでは，運動を実施しない状態から実施する状態へ，さらに継続する状態へという人の行動の変化に対し，①コミュニティの形成と活用，②デー

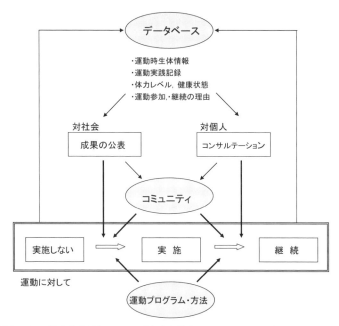

図 5.1 生涯スポーツ健康科学研究センター「超高齢社会における運動継続支援プログラム」の概念図

タベースの作成と活用, ③運動プログラムや運動方法の工夫という3つのアプローチをとり, 運動継続を促進させる. 平成21年世論調査報告書[13]によると, 運動を実施しない理由については,「忙しくて時間がないから」がとくに若い世代で多いことが報告されているが, その他「仲間がいないから」という理由も多い. 一方, 運動を行った理由に「友人・仲間との交流として」も多く, コミュニティづくりが運動実施のきっかけとなり, また運動継続の促進に効果がある可能性が高い. またデータベースには, 運動時の生体情報や運動実践記録, 定期的に測定した体力レベルや健康状態等の身体状況, 運動実施と継続の理由等を情報として入力する. そして社会に対しては, 成果を公表しつつ活動に関する情報をアナウンスすることで, 運動の実施へ人を促したり, コミュニティを維持・拡大させるような運用を図る. また個人に対しては, 自分の体力レベルに基づいたトレーニング処方の作成や目標設定を行うコンサルテーションサービスを提供し, 運動を継続させる動機づけとする. 運動プログラムと方法については, 多くの人に運動の実施・継続を促すことができるよう研究開発を行う. 中高齢者といっても, 健康な人もいれば体力が低下していたり体に疾患や障害がある人もおり, 様々であ

る．できるだけ多くの人に運動の効果を享受してもらうためには，様々な身体状況や好みに応じた運動プログラムと方法を提供できることが望ましく，既存のものに加え，新しい研究開発が必要である．以下，プロジェクトで行ってきた活動の一例を紹介する．

5.4.2 地域コミュニティに根ざした運動実践「十坪ジム」

生涯スポーツ健康科学研究センターの小林寛道東京大学名誉教授が中心となり，自宅から近い距離にある小規模トレーニング施設をコンセプトに設置されたのが「十坪ジム」である．はじめは経済産業省の委託事業として，柏市内4店舗でスタートした．平成19年(2007)度からは有料の健康づくり施設として柏市内8カ所でスタートし，平成23年には，柏市内9カ所に開設されている．約1,600名の会員がおり，NPO法人東大スポーツ健康マネジメント研究会が運営を担当している．各店舗には，動作の質を向上させ，かつ体幹深部筋を強化させることを目的として作られた「認知動作型トレーニングマシン」が設置されていることも特徴の1つである．また，要支援，要介護認定を受けている人でも，会員として受け入れているという特徴もある．

会員に対するアンケート調査の結果では[14]，十坪ジムへの所要時間が10分以内である人の割合は全体の約半数であり，その9割以上は徒歩または自転車で来訪している．つまり，当初のねらいどおり地域コミュニティ型として運営されていることがわかる．会員の9割以上は週1回，1回60分間のトレーニングを実施しているが，それによって半数以上が「足腰が強くなった」，「身体のバランスがよくなった」，「姿勢がよくなった」，「歩くのが速くなった」など，体の良好な変化を感じていた．また，4割近くが「腰の痛みが軽くなった」，「肩こりが楽になった」，「膝の痛みが軽くなった」と体調の改善について回答していた．「気分が明るくなった」，「気力がわいてきた，前向きになった」，「世代の違う人との会話が増えた」，「新しい友人ができた」という精神面，社会性に関する良好な改善についても，4割以上の回答があった．

週1回予約制で実施しているということもあり，コミュニティに根ざした運動展開は，継続的に運動を実施する場を提供し，さらに運動の効果を確実にもたらしているといえる．

5.4.3 ウォーキング・ランニング時の生体情報計測システム

「超高齢社会における運動継続支援プログラム」におけるデータベースの作成および活用のイメージは図5.2のとおりである．運動としては，近年実践者人口の増えているウォーキングとランニングをまず対象とし，運動の強度やエネルギー消費量の指標となる心拍数，歩数，加速度，速度などを記録し，それらをデータ収集・転送装置を通じて，リアルタイムにデータベースへ送ることを想定している．またデータベースには，体重や血圧，体力レベルといった体の状態に関する情報も逐次入力する．運動を終えてデータベースセンターへ戻れば，その日の運動実践の記録，過去の記録を確認でき，また体力の変化等が確認できる．それらをもとにコンサルテーションを行い，適切なトレーニング処方の提供，大会の出場などの新しい目標の提示などを行っていく．

現段階では，ウォーキング・ランニング時の新しい生体情報として，加速度波形からウォーキングフォームとランニングフォームを評価する可能性について検討を行っている．これまで，フォーム分析に関しては，ビデオを用いた分析が主流であった．その際，高価な装置が必要であり，分析の手続きが煩雑であるという欠点があるため，競技選手等の専門家を対象に行われることが多かった．ビデオ撮影した画面を見ながら評価するという方法が取られることもあるが，分析が主観的になるという欠点もあった．そこで，安価で簡易に計測の可能な3軸加速度計に着目し，加速度波形からフォームの評価が行えないかについての検討を行った．歩く動作については，加速度計を用いて疾患時の歩行の特徴の抽出や回復

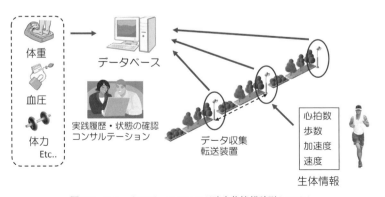

図5.2 ウォーキング・ランニング時生体情報計測システム

過程の確認,転倒リスクの評価などの研究は行われてきたため,加速度計を用いた評価のほとんど行われていないランニングを中心に研究開発を進めてきた[15].

図5.3は,ランニング中の加速度波形の例である.加速度計は胸部と腰部に装着した.ビデオ映像と合わせて解析した結果,左右方向加速度では足の地面への接地後に,胸部では立脚側に,腰部では遊脚側にピークが生じること,上下方向加速度では接地後足の踏み込みにかけて上方向の加速度ピークが生じること,前後方向加速度では,接地後に後ろ方向の加速度が生じ,地面を蹴って爪先が離れた後に前方向の加速度が生じることがわかった.また,日を変えてランニングを行い,波形を評価するパラメータの再現性を確認したところ,高い再現性があることが確認された.すなわち加速度波形には,ランニングの動作に合わせた特徴的な波形が現れ,またランニング中のその個人の走り方の特徴が現れている可能性が示唆された.さらに,中長距離の競技者と非競技者でランニング中の加速度波形を比較したところ,競技者では非競技者に比べ,1歩ごとに類似性の高い規則的な波形が繰り返されていることが明らかとなった(図5.4).

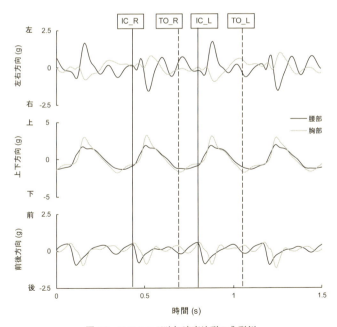

図5.3 ランニング時加速度波形の典型例
ICは初期接地(Initial Contact)を,TOは爪先離地(Toe Off)を示す.またLは左足,Rは右足を示す.

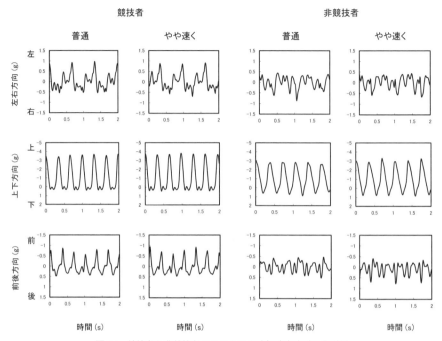

図 5.4 競技者と非競技者のランニング時加速度波形の典型例
左側に競技者,右側に非競技者の「普通」と「やや速く」の速度でのランニング時加速度波形を示す.

　これらの結果から,これまでウォーキングやランニング中の生体情報を測定する装置として使われてきた心拍計や加速度計つき歩数計に加え,3軸加速度計を使用すれば,フォームの評価が行える可能性が明らかとなった.今後は,幅広い年代のより多くの人を対象にランニング中の加速度波形を計測し,フォームの診断基準となる評価系を作成することと,これらの情報を取り込みデータベース化するシステムの開発を進める予定である.

5.4.4 疾患や障害があっても行えるアクアエクササイズとその効果

　「超高齢社会における運動継続支援プログラム」では,健康な人をはじめ,体力が低下していたり障害がある人まで,多くの人が運動を継続的に実施し,運動の効果を享受できる仕組みづくりをすることを目的としていると先に述べた.疾患や障害を抱えている人ほど,運動実践の際に運動プログラムや方法に工夫や配慮が必要となる.重力が軽減された水中での運動(アクアエクササイズ)は,疾患

や障害があっても実践しやすい運動の1つである．

水中では浮力が働くため，下肢関節に対する地面反力が小さい状態で筋肉を活動させ，運動を実施することが可能となる．また「泳ぐ」ことに代表されるように，水に浮いた状態で運動を行えるのも浮力が働く環境ならではの特徴である．また，関節を開くための補助として浮力を利用することも可能であり，リハビリテーションへの応用も勧められている．このような環境での運動は，転倒による怪我や骨折の危険性が少ないという利点もあり，疾患や障害のある人にとって安心して運動のできる場ともなっている．

実際に，疾患や障害のある人にとって水中は歩きやすい場であるのかどうかを確認するため，下肢関節疾患患者の陸上での歩行速度と水中での歩行速度を計測し，健常な中高齢者の値と比較した（図5.5）．その結果，下肢関節疾患患者の歩行速度は，陸上においても水中においても健常者よりも遅いが，水中歩行速度の陸上歩行速度に対する比は健常者に比べて有意に大きいという結果であった．また，1名の重度の関節リウマチ患者では，水中歩行速度が陸上の歩行速度とほぼ変わらないという結果となった．すなわち，陸上での歩行が困難な人でも，水中では歩く能力を十分に発揮させ，運動を行うことが可能であることがわかった．

水中では空気よりも大きな抵抗が発生し，また運動する速度や面積を変化させることで，抵抗の大きさを調節できる．そのため，個々の体力レベルに合わせて運動強度を調節させながらの運動実践が可能となり，健康な人から低体力の人までが同じプログラムに参加することが可能となる．このような特徴も，アクアエクササイズの利点である．また，水深の深いところほど大きな水圧がかかることも水中という運動環境の特徴である．水中で立位姿勢を保持している際には，下

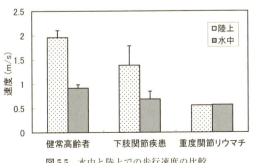

図5.5 水中と陸上での歩行速度の比較

肢にかかる水圧によって静脈還流量が増加することが知られている．たとえば首の高さまで水中にある場合には，この静脈還流量の増加により，心臓の1回拍出量が約30％も増加することが報告されている[16]．このような環境での運動実践では，陸上と同じ強度の運動に対し，心拍数はより低い値を示すことが知られている[17]．

アクアエクササイズを定期的に行った際のトレーニング効果としては，持久力の向上，筋力の向上，皮下脂肪厚や血中脂質の減少などが報告されている[18, 19]．これらは，先述したエアロビックエクササイズの効果やレジスタンスエクササイズの効果であり，水中でもエアロビックエクササイズやレジスタンスエクササイズとして適切な負荷をかけることができれば，その効果を十分に得られるということである．また下肢関節疾患患者を対象としたアクアエクササイズのトレーニング効果としては，6分間での歩行距離の増加，QOLの改善，精神面での改善，痛みの減少など，疾患によって生じる痛みや精神的な落込みなども改善されることが報告されている[20]．

5.4.5 運動の急性の効果を利用する

定期的な運動の継続は非常に重要であるが，1回の運動実践によっても心身の状態は変化することに着目し，運動の急性の効果についても調査を行った．障害や疾患のある人に60分間のアクアエクササイズを実施してもらい，主観的な体調や気分を確認したところ，主観的な「体調」は1回のアクアエクササイズ後に有意に改善され，痛みは軽減される傾向が認められた[21]．また，「幸福感」や「活力感」，「気分の軽快さ」などのポジティブな感情が増し，「疲労蓄積感」や「神経消耗感」といったネガティブな感情が減少する結果となった．

また，疾患や障害があり，普段の運動量が制限されている人では，下肢に血液やリンパ液が貯留してむくんだ状態が認められたため，1回のアクアエクササイズ実践前後で，彼らの大腿部，下腿部，足首の周径囲を測定してみた．その結果，大腿部と下腿部では有意な減少が認められ，むくみが改善されていることがわかった．大腿部は，元の状態を100％とすると約5％の減少であり，たとえば初期値が50cmの人では，1回の運動により2.5cmほど大腿の周径囲が減少することがわかった．このような変化は，水圧の働く環境下で循環を高めるような運動を行った効果であると考えられる．

ウォーミングアップを行うと，神経・筋機能が高まり，その後の運動のパフォーマンスが高まることは多くの人が経験していることである．同じことが1回の運動実践後にも生じていると仮定し，バランス能力が低下しているといわれている下肢関節疾患患者と高齢者を対象に，アクアエクササイズ前後の重心動揺軌跡を計測・分析した[22, 23]．その結果，1回のアクアエクササイズ後には，パーキンソン病や脊髄小脳変性症といった神経系疾患患者に特徴的である揺れや，高齢者に特徴的である揺れが減少するといったポジティブな変化が認められた．バランス能力の低下は，転倒のリスクファクターの1つであるといわれており，運動の刺激を入れることでその能力の高まった状態をつくることは重要であると考えられる．

このように，1回の運動実践によっても心身の状態はよい方向へ変化する．1回の運動による効果であるため，数時間経てば消えてしまう効果であるかもしれないが，それでも1回の実践によって得られる効果を大切に日々運動実践に取り組めば，やがて運動継続につながる可能性もある．1回だけで得られる効果も運動継続を促す重要な因子として取り上げながら，「超高齢社会における運動継続支援プログラム」に取り組んでいきたいと考えている．

参 考 文 献

第1章

1) United Nations, Department of Economic and Social Affairs, Population Division (2011): World Population Prospects, The 2010 Revision, CD-ROM Edition.
2) United Nations, Department of Economic and Social Affairs, Population Division (2013): World Population Prospects, The 2012 Revision, DVD Edition.
3) The World Bank Data: GDP per person employed.
4) 是枝俊悟:週刊ダイヤモンド,2013.9.7号,p.22.
5) 厚生労働省:平成26年度版厚生労働白書.
6) BP Statistical Review of World Energy, June 2014.
7) The World Bank Data: GDP per capita (current US$), Energy use (kg of oil equivalent per capita).
8) 省エネルギーセンター(2014):エネルギー・経済統計要覧2014年.
9) 農林水産省(2012):2010年世界農林センサス報告書.
10) 国土交通省:平成21年度国土交通白書.
11) The World Bank Data: Research and development expenditure (% of GDP).

第2章

(2.1-2.2)
1) 国立社会保障・人口問題研究所(2009):少子化統計情報.
2) 厚生労働省(2008):平成20年人口動態統計月報(概数)の概況.
3) 厚生労働省(2006):平成18年度国民医療費の概況.
4) 友池仁暢(2008):循環器病医療の基盤整備,*IRYO*,**62**:161-169.
5) (株)アール アンド ディー(2005):医療機器・用品年鑑.
6) Bardy GH, Lee KL, Mark DB, *et al.* (2005): Amiodarone or an Implantable Cardioverter-Defibrillator for Congestive Heart Failure, *N Engl J Med*, **352**:225-237.
7) 岡本 洋,北畠 顕(2003):心不全の疫学—本邦の現状—,日本臨床,**61**:709-714.
8) 小澤利男(1995):加齢と疾患,内科学書第4版,中山書店.
9) Hayashino Y, Rahman M, Fukui T (2003): Japan's contribution to research on cardiovascular disease, *Circ J*, **67**:103-106.
10) 下山正徳(2006):臨床研究と臨床試験と治験,臨床試験のABC,日本医師会雑誌 臨時増刊,**135**:22-28.
11) Hunter PJ, Borg TK (2003): Integration from proteins to organs: The Physiome Project, *Nature Reviews Molecular Biology*, **4**:237-243.
12) 菅 弘之,高木 都,後藤葉一ほか(2000):心臓力学とエナジェティクス,**B-1**,コロナ社.
13) Beltrami AP, Urbanek K, Kajstura J, *et al.* (2001): Evidence that human cardiac myocytes divide after myocardial infarction, *New Eng J Med*, **344**:1750-1757.
14) Sugiura S, Nishimura S, Yasuda S, *et al.* (2006): Carbon fiber technique for the investi-

gation of single cell mechanics in intact cardiac myocytes, *Nature Protocols*, **3**: 1453-1457.
15) Shimmen T, Yano M (1984): Active sliding of latex beads coated with skeletal muscle myosin on Chara actin bundles, *Protoplasma*, **121**: 132-137.
16) Sheetz MP, Chasan R, Spudich JA (1984): ATP-dependent movement of myosin in vitro: characterization of a quantitative assay, *J Cell Biol*, **99**: 1867-1871.
17) Yamashita H, Sugiura S, Serizawa T, et al. (1992): Sliding velocity of isolated rabbit cardiac myosin correlates with isozyme distribution, *Am J Physiol*, **263**: H464-H472.
18) Kron S, Spudich JA (1986): Fluorescent actin filaments move on myosin fixed to a glass surface, *Proc Natl Acad Sci USA*, **83**: 6272-6276.
19) Sata M, Sugiura S, Yamashita H, et al. (1993): Dynamic interaction between cardiac myosin isoforms modifies velocity of actomyosin sliding in vitro, *Circ Res*, **73**: 696-704.
20) Sugiura S, Kobayakawa N, Fujita H, et al. (1998): Comparison of unitary displacements and forces between two cardiac myosin isoforms by the optical trap technique: Molecular basis for cardiac adaptation, *Circ Res*, **82**: 1029-1034.
21) Fujita H, Sugiura S, Momomura S, et al. (1997): Characterization of mutant myosins of Dictiostelium discoideum equivalent to human familial hypertrophic cardiomyopathy mutants, *J Clin Invest*, **99**: 1010-1015.

(2.3-2.4)
1) Okada J, Sasaki T, Washio T, Yamashita H, Kariya T, Imai Y, Nakagawa M, Kadooka Y, Nagai R, Hisada T, Sugiura S (2013): Patient specific simulation of body surface ECG using the finite element method, *PACE*, **36**: 309-321.
2) Ten Tusscher KHWJ, Noble D, Noble PJ, Panfilov AV (2004): A model for human ventricular tissue, *Am J Physiol*, **286**: 1573-1589.
3) Okada J, Washio T, Maehara A, Momomura S, Sugiura S, Hisada T (2011): Transmural and apicobasal gradients in repolarization contribute to T-wave genesis in human surface ECG, *Am J Physiol*, **301**: 200-208.
4) Glukhov AV, Fedorov VV, Lou Q, Ravikumar VK, Kalish PW, Schuessler RB, Moazami N, Efimov IR (2010): Transmural dispersion of repolarization in failing and nonfailing human ventricle, *Circ Res*, **106**: 981-991.
5) Winslow RL, Greenstein JL, Tomaselli GF, O'Rourke B (2001): Computational model of the failing myocyte: relating altered gene expression to cellular function, *Phil Trans R Soc*, **A, 359**: 1187-1200.
6) Washio T, Okada J, Hisada T (2010): A Parallel Multilevel Technique for Solving the Bidomain Equation on a Human Heart with Purkinje Fibers and a Torso Model, *SIAM Review*, **52**: 717-743.
7) Belus A, Piroddi N, Scellini B, Tesi C, Amati GD, Girolami F, Yacoub M, Cecchi F, Olivotto I, Poggesi C (2008): The familial hypertrophic cardiomyopathy-associated myosin mutation R403Q accelerates tension generation and relaxation of human cardiac myofibrils, *J Physiol*, **586** (Pt 15): 3639-3644.
8) Hosoi A, Washio T, Okada J, Kadooka Y, Nakajima K, Hisada T (2010): A Multi-Scale Heart Simulation on Massively Parallel Computers, SC10, proceedings 1-11.
9) Washio T, Okada J, Sugiura S, Hisada T (2012): Approximation for Cooperative Interactions of a Spatially-detailed Cardiac Sarcomere Model, *Cellular and Molecular Bioengineer-*

ing, **5**：113-126.

第 3 章

1) 交通工学研究会（2005）：交通工学ハンドブック，丸善．
2) 坪内孝太，大和裕幸，稗方和夫（2008）：オンデマンドバスシステムの実証実験による評価，運輸政策研究，**10**(4)：11-20.
3) 大和裕幸，坪内孝太，稗方和夫（2008）：オンデマンドバスのためのリアルタイムスケジューリングアルゴリズムとシミュレーションによるその評価，運輸政策研究，**10**(4)：2-10.
4) 谷村秀彦，梶 秀樹，池田三郎，腰塚武志（1986）：都市計画数理，朝倉書店．
5) 大和裕幸，柳澤 龍，稗方和夫，杉本千佳，坪内孝太，飯坂祐司（2009）：オンデマンドバス運行管理ログを用いた知識抽出システムの構築，人工知能学会第2種研究会（SIG-KST），SIG-KST-2009-02-01.

第 4 章

1) 横井直明，川原靖弘，保坂 寛，酒田健治（2009）：マハラノビス距離によるPHS測位誤差の拠点補正法，マイクロメカトロニクス（日本時計学会誌），**53**(201)：2-8.
2) 川原靖弘，小林俊介，横井直明，越地福朗，保坂 寛（2008）：PHSと指向性アンテナを用いた紛失物探索システム，マイクロメカトロニクス（日本時計学会誌），**52**(199)：47-57.
3) 吉田 寛，川原靖弘，保坂 寛（2009）：PHS測位と3軸加速度データによる物流機器移動判定アルゴリズムの研究，マイクロメカトロニクス（日本時計学会誌），**53**(200)：129-139.
4) マイクロストーンホームページ　http://www.microstone.co.jp/index.html
5) 戦略的創造研究推進事業 CREST，研究領域「先進的統合センシング技術」，研究課題「安心・安全のための移動体センシング技術」，研究終了報告書（2011）．
http://www.jst.go.jp/kisoken/crest/report/sh_heisei17/sensing/03satou.pdf
6) ERATO前中センシング融合プロジェクトホームページ
http://www.eratokm.jp/index.html

第 5 章

1) 国立社会保障・人口問題研究所：人口統計資料集 2014 年版．
http://www.ipss.go.jp/syoushika/tohkei/Popular/Popular2014.asp?chap=0
2) 厚生労働省：平成 22 年度医療費の動向．
http://www.mhlw.go.jp/topics/medias/year/10/
3) 厚生労働省：平成 21 年度介護給付費実態調査の概況．
http://www.mhlw.go.jp/toukei/saikin/hw/kaigo/kyufu/09/index.html
4) American College of Sports Medicine (1995)：ACSM's Guidelines for Exercise Testing and Prescription 5th Edition, Williams & Wilkins.
5) Kramer AF, *et al.* (1999)：Aging, fitness and neurocognitive function, *Nature*, **400**：418-419.
6) 厚生労働省：平成 22 年国民生活基礎調査の概況．
http://www.mhlw.go.jp/toukei/saikin/hw/k-tyosa/k-tyosa10/
7) 厚生労働省：平成 22 年度国民医療費の概況．
http://www.mhlw.go.jp/toukei/saikin/hw/k-iryohi/10/
8) Williams PT (2001)：Physical fitness and activity as separate heart disease risk factors：a meta-analysis, *Med Sci Sports Exerc*, **33**：754-761.

参考文献

9) American College of Sports Medicine (2009): ACSM's Guidelines for Exercise Testing and Prescription 8th Edition, Wolters Kluwer/Lippcott Williams & Wilkins.
10) (財) 健康・体力づくり事業財団：健康日本 21.
 http://www.kenkounippon21.gr.jp/
11) 運動所要量・運動指針の策定検討会 (2006)：健康づくりのための運動指針 2006〜生活習慣病の予防のために〜＜エクササイズガイド 2006＞.
12) 厚生科学審議会地域保健健康増進栄養部会 (2007)：「健康日本 21」中間評価報告書.
13) 内閣府大臣官房政府広報室 (2009)：体力・スポーツに関する世論調査.
 http://www8.cao.go.jp/survey/h21/h21-tairyoku/index.html
14) NPO 法人東大スポーツ健康マネジメント研究会 (2009)：十坪ジム会員アンケート調査 2009 結果報告書.
15) Kawabata M, et al. (2013)：Acceleration patterns in the lower and upper trunk during running, J Sports Sci, **31**：1841-1853.
16) Arboreli M, et al. (1972)：Hemodynamic changes in man during immersion with the head above water, Aerop Med, **43**：592-598.
17) Svedenhag J, et al. (1992)：Running on land and in water：comparative exercise physiology, Med Sci Sport Exerc, **24**：1155-1160.
18) Takeshima N, et al. (2002)：Water-based exercise improves health-related aspects of fitness in older women, Med Sci Sport Exerc, **33**：544-551.
19) Colad JC, et al. (2009)：Effects of aquatic resistance training on health and fitness in postmenopausal women, Eur J Appl Physiol, **106**：113-122.
20) Bartels E, et al. (2007)：Aquatic exercise for the treatment of knee and hip osteoarthritis (Review), Cochrane Database Syst Rev.
21) 宮坂麻耶ほか(2008)：水中運動による下肢関節疾患および腰部関節疾患患者の主観的コンディションの急性変化. 日本水泳・水中運動学会 2008 年次大会論文集, 113-114.
22) Fukusaki C, et al. (2011)：Acute effects of exercise on posture in arthritic patients, Int J Sport Med, **32**：653-658.
23) 福﨑千穂 (2009)：アクアエクササイズが中高齢者のバランス調節機能に与える急性の効果, Health-Network, **26**(7)：9-11.

索　引

あ　行

アクアエクササイズ　142
アクチンフィラメント　52
アクティブタグ　122

1次エネルギー　9
一般化費用　113
遺伝子型（genotype）　40
移動手段別輸送人員　14
移動分析　91
医療費　6, 18, 133
因果関係　25

植込み型除細動器（ICD）　20, 60
ウォーキング　140

エアロビックエクササイズ　134
エネルギー　71
エネルギー消費（率）　7

オンデマンドバス　65, 76

か　行

介護保険給付費　6, 133
介在板　35
拡張機能不全　22
確認可採埋蔵量　9
可採年数　9
過重労働　23
柏市北部地域　93
過疎化　69
加速度波形　140
活動電位（細胞の）　49
カーボンファイバー　34

川越市　97
環境負荷　70
幹細胞　60
冠循環　54

基礎医学　24
逆問題　56
共焦点顕微鏡　35
協調性　53
筋原線維　36
均質化（手）法　42, 63

計算システム　76
京速コンピュータ　62
携帯電話　118
限界運賃　113
研究開発費　15
健康寿命　136
「健康日本21」　135

高額医療器材　19
公共交通機関　64
公共サービス　69
公共施設　107
耕作放棄地　12
交通事故　72
興奮伝播解析　49
高齢化　68
高齢化社会　2, 16
高齢化率　2
高齢社会　2
国内総生産（GDP）　5
個人適合サービス　103
固定価格買取り制度　11
個別適合技術　132
コンパクトシティ　14

さ　行

再生可能エネルギー　9
最適配置（施設の）　109
細胞の活動電位　49
堺市　95
サルコメア　37

自己修復能力　30
システムバイオロジー　26
施設の最適配置　109
時変エラスタンス　31
市民参加　74
車載システム　76
周期性　44
収縮末期圧‐容積関係　31
就労率　4
浮腫　21
順問題　56
乗降客提示機能　88
焦電センサ　126
人工心臓　29
心疾患　17
心臓再同期療法（CRT）　48
心臓シミュレータ　48
身体活動量　135
心電図　49, 127
心電図検査　56
心不全　22

ストレッチング　134

生活習慣病　135
生産年齢人口　4
生体シミュレーション　54
線維の配列　32

索　引

センサシューズ　128
前臨床試験　59

足圧センサ　128

た　行

大規模臨床試験　26
代謝　28
脱分極　34

知識蓄積　110
茅野市　97
超高齢社会　1, 2, 133
調節機構　31
超並列化技術　63
超並列計算　47

低炭素社会　1
データベース　76
テーラーメード医療　25, 57
電位感受性蛍光色素　35

東京大学オンデマンドバスシステム　76
東京大学新領域創成科学研究科　92
統計的相関関係　25
洞房結節　31
都市設計　91
十坪ジム　139

な　行

ナビゲーション機能　89

農業従事者数　12
脳血管疾患　17
乗換え案内サービス　108

は　行

バス情報提供サービス　103
パーソントリップ調査　103
パッシブタグ　122
バッチ処理　82

バランス能力　145

評価項目　26
表現型（phenotype）　40

フィジオーム　27
不整脈　58
部門別エネルギー消費　11

ヘドニックアプローチ　112

歩行速度　143
補助循環装置　29

ま　行

マクロ構造　43
マトリックス方程式　46
マハラノビス距離　124
マルチグリッド法　49
マルチスケール・マルチフィジックスシミュレーション　42, 55
マルチフィジックス　41
マルチモダリティシステム　51

ミオシン分子　52
ミクロ構造　43
見守りサービス　102

無線LAN　117, 118

モータリゼーション　72
モビリティセンシング　90
守山市　96
モンテカルロ法　53

や　行

ゆとり時間　83
予約サーバ　76
予約提案サービス　90, 101

ら　行

ランニング　140

リアルタイム処理　82
リード化合物　59
流体構造練成アルゴリズム　63
両心室ペーシング　48
臨床試験　59

レジスタンスエクササイズ　134
連結体力学　43

欧　文

AOA　121, 125
ATP分解速度　39

BSSID　118
bottom up approach　40

CRT　48

EBM　24

fingerprint　121
fingerprinting　121

GDP　5
genotype　40
GPS　117, 118

ICD　20, 60
in vitro 運動再構成系　37
iPS細胞　60

LORAN　117

MACアドレス　118

NNSS　117
NNT　20

pharmacogenomics　58
phenotype　40
PHS　117, 118
proximity　120
PTCA　20

RFID   117, 118
RSSI   120, 123

S+3E   7

Schur Complement   46
Smart Life Project   137

T管   35

TDOA   120
TOA   120
top down   40

シリーズ〈環境の世界〉6
人間環境学の創る世界　　　定価はカバーに表示

2015年3月20日　初版第1刷

編集者　東京大学大学院新領域創成
　　　　科学研究科環境学研究系
発行者　朝　倉　邦　造
発行所　株式会社　朝　倉　書　店
　　　　東京都新宿区新小川町 6-29
　　　　郵便番号　　162-8707
　　　　電　話　03（3260）0141
　　　　FAX　03（3260）0180
　　　　http://www.asakura.co.jp

〈検印省略〉

ⓒ 2015〈無断複写・転載を禁ず〉　　　教文堂・渡辺製本

ISBN 978-4-254-18536-2　C 3340　　Printed in Japan

JCOPY　<（社）出版者著作権管理機構　委託出版物>

本書の無断複写は著作権法上での例外を除き禁じられています．複写される場合は，そのつど事前に，（社）出版者著作権管理機構（電話 03-3513-6969, FAX 03-3513-6979, e-mail: info@jcopy.or.jp）の許諾を得てください．

◆ シリーズ〈環境の世界〉〈全6巻〉 ◆
東京大学大学院新領域創成科学研究科環境学研究系編集

東京大学大学院環境学研究系編
シリーズ〈環境の世界〉1
自然環境学の創る世界
18531-7　C3340　　　A5判 216頁 本体3500円

〔内容〕自然環境とは何か／自然環境の実態をとらえる(モニタリング)／自然環境の変動メカニズムをさぐる(生物地球化学的、地質学的アプローチ)／自然環境における生物(生物多様性、生物資源)／都市の世紀(アーバニズム)に向けて／他

東京大学大学院環境学研究系編
シリーズ〈環境の世界〉2
環境システム学の創る世界
18532-4　C3340　　　A5判 192頁 本体3500円

〔内容〕〈環境の世界〉創成の戦略／システムでとらえる物質循環(大気、海洋、地圏)／循環型社会の創成(物質代謝、リサイクル)／低炭素社会の創成(CO_2排出削減技術)／システムで学ぶ環境安全(化学物質の環境問題、実験研究の安全構造)

東京大学大学院環境学研究系編
シリーズ〈環境の世界〉3
国際協力学の創る世界
18533-1　C3340　　　A5判 216頁 本体3500円

〔内容〕〈環境の世界〉創成の戦略／日本の国際協力(国際援助戦略、ODA政策の歴史的経緯・定量分析)／資源とガバナンス(経済発展と資源断片化、資源リスク、水配分、流域ガバナンス)／人々の暮らし(ため池、灌漑事業、生活空間、ダム建設)

東京大学大学院環境学研究系編
シリーズ〈環境の世界〉4
海洋技術環境学の創る世界
18534-8　C3340　　　A5判 192頁 本体3500円

〔内容〕〈環境の世界〉創成の戦略／海洋産業の拡大と人類社会への役割／海洋産業の環境問題／海洋産業の新展開と環境／海洋の環境保全・対策・適応技術開発／海洋観測と環境／海洋音響システム／海洋リモートセンシング／氷海とその利用

東京大学大学院環境学研究系編
シリーズ〈環境の世界〉5
社会文化環境学の創る世界
18535-5　C3340　　　A5判 196頁 本体3500円

〔内容〕〈環境の世界〉創成の戦略／都市と自然(都市成立と生態系／水質と生態系)／都市を守る(河川の歴史／防災／水代謝)／都市に住まう(居住環境評価／建築制度／住民運動)／都市のこれから(資源循環／持続可能性／未来)／鼎談

日本建築学会編
人　間　環　境　学
―よりよい環境デザインへ―
26011-3　C3052　　　B5判 148頁 本体3900円

建築、住居、デザイン系学生を主対象とした新時代の好指針〔内容〕人間環境学とは／環境デザインにおける人間的要因／環境評価／感覚、記憶／行動が作る空間／子供と高齢者／住まう環境／働く環境／学ぶ環境／癒される環境／都市の景観

東大 西村幸夫編著
ま　ち　づ　く　り　学
―アイディアから実現までのプロセス―
26632-0　C3052　　　B5判 128頁 本体2900円

単なる概念・事例の紹介ではなく、住民の視点に立ったモデルやプロセスを提示。〔内容〕まちづくりとは何か／枠組みと技法／まちづくり諸活動／まちづくり支援／公平性と透明性／行政・住民・専門家／マネジメント技法／サポートシステム

東大 西村幸夫・工学院大 野澤 康編
まちの見方・調べ方
―地域づくりのための調査法入門―
26637-5　C3052　　　B5判 164頁 本体3200円

地域づくりに向けた「現場主義」の調査方法を解説。〔内容〕1.事実を知る(歴史、地形、生活、計画など)、2.現場で考える(ワークショップ、聞き取り、地域資源、課題の抽出など)、3.現象を解釈する(各種統計手法、住環境・景観分析、GISなど)

前筑波大 勝田 茂監訳 東大 石井 旦訳
身体活動・体力と健康
―活動的生活スタイルの推進―
69045-3　C3075　　　B5判 292頁 本体6500円

運動不足は心身の機能を低下させ、身体に様々な問題を発生しやすくするが、適度な運動は疾病を防ぎ、心身を良好な状態にする効果がある。本書は健康維持に対する運動の効果について、健康科学、生理学、予防医学などの視点から解説した。

上記価格(税別)は2015年2月現在